1+X 职业技能等级证书配套教材

——"工业机器人应用编程"职业技能等级证书

U0498682

工业机器人
应用编程（FANUC） 中级

北京赛育达科教有限责任公司　组编

□ 主　编　王志强　禹鑫燚　王振华

□ 副主编　高　枫　苏　建　胡金华　李　冰　黄　婷

□ 主　审　陈晓明　孙立宁

□ 参　编　黄　麟　金文兵　王富春　闵文强　林勇坚
　　　　　刘中华　陈文勇　宋云艳　周　斌　王文斌
　　　　　李　真　汪洪青　戴　琨　尹　霞　陈　强

扫码了解本书
配套资源

高等教育出版社·北京

内容简介

　　本书是工业机器人应用编程1+X职业技能等级考核配套教材。本书从实用的角度出发，面向工业机器人应用编程人员，对照《工业机器人应用编程职业技能等级标准》，结合工业机器人实际应用中常见的工程项目，通过以项目化、任务化形式整理教学内容，使学生在实际应用中学会工业机器人的基本知识和应用编程技能。

　　全书以实际工程典型应用案例为主线安排项目与任务，共设计了7个项目，主要包括工业机器人装配应用编程、工业机器人产品追溯应用编程、工业机器人视觉定位应用编程、工业机器人视觉分拣应用编程、工业机器人产品定制应用编程、工业机器人写字应用离线编程和工业机器人关节装配离线编程。每个项目内容包括证书技能要求、项目引入、知识目标、技能目标、学习导图、平台准备、若干学习任务和项目拓展。7个项目包含27个任务，每个任务主要包括任务提出、知识准备、任务实施和拓展练习4部分。

　　本书实现了互联网与传统教育的完美融合，采用"纸质教材＋数字课程"的出版形式，以新颖的留白编排方式，突出资源的导航，扫描二维码，即可观看微课等视频类数字资源，随扫随学，突破传统课堂教学的时空限制，激发学生自主学习的兴趣，打造高效课堂。资源具体下载和获取方式请见"智慧职教"服务指南。

　　本书适合作为中高等职业院校工业机器人技术专业以及装备制造大类相关专业的教材，也可作为工业机器人应用编程相关工程技术人员的参考资料和培训用书。

图书在版编目（ＣＩＰ）数据

　　工业机器人应用编程：FANUC：中级 / 北京赛育达科教有限责任公司组编 ; 王志强，禹鑫燚，王振华主编. -- 北京 : 高等教育出版社，2021.3
　　ISBN 978-7-04-055124-2

　　Ⅰ. ①工… Ⅱ. ①北… ②王… ③禹… ④王… Ⅲ. ①工业机器人-程序设计-高等职业教育-教材 Ⅳ. ①TP242.2

　　中国版本图书馆CIP数据核字(2020)第192884号

策划编辑	曹雪伟	责任编辑　曹雪伟	封面设计　王　洋	版式设计　王艳红
插图绘制	于　博	责任校对　陈　杨	责任印制　存　怡	

出版发行	高等教育出版社	网　址	http://www.hep.edu.cn
社　　址	北京市西城区德外大街4号		http://www.hep.com.cn
邮政编码	100120	网上订购	http://www.hepmall.com.cn
印　　刷	北京利丰雅高长城印刷有限公司		http://www.hepmall.com
开　　本	787mm×1092mm　1/16		http://www.hepmall.cn
印　　张	19		
字　　数	300 千字	版　次	2021 年 3 月第 1 版
购书热线	010-58581118	印　次	2021 年 3 月第 1 次印刷
咨询电话	400-810-0598	定　价	59.80 元

本书如有缺页、倒页、脱页等质量问题，请到所购图书销售部门联系调换
版权所有　侵权必究
物　料　号　55124-00

"智慧职教"服务指南

"智慧职教"是由高等教育出版社建设和运营的职业教育数字教学资源共建共享平台和在线课程教学服务平台,包括职业教育数字化学习中心平台(www.icve.com.cn)、职教云平台(zjy2.icve.com.cn)和云课堂智慧职教 App。用户在以下任一平台注册账号,均可登录并使用各个平台。

- **职业教育数字化学习中心平台(www.icve.com.cn):为学习者提供本教材配套课程及资源的浏览服务。**

登录中心平台,在首页搜索框中搜索"工业机器人应用编程(FANUC)·中级",找到对应作者主持的课程,加入课程参加学习,即可浏览课程资源。

- **职教云(zjy2.icve.com.cn):帮助任课教师对本教材配套课程进行引用、修改,再发布为个性化课程(SPOC)。**

1. 登录职教云,在首页单击"申请教材配套课程服务"按钮,在弹出的申请页面填写相关真实信息,申请开通教材配套课程的调用权限。

2. 开通权限后,单击"新增课程"按钮,根据提示设置要构建的个性化课程的基本信息。

3. 进入个性化课程编辑页面,在"课程设计"中"导入"教材配套课程,并根据教学需要进行修改,再发布为个性化课程。

- **云课堂智慧职教 App:帮助任课教师和学生基于新构建的个性化课程开展线上线下混合式、智能化教与学。**

1. 在安卓或苹果应用市场,搜索"云课堂智慧职教"App,下载安装。

2. 登录 App,任课教师指导学生加入个性化课程,并利用 App 提供的各类功能,开展课前、课中、课后的教学互动,构建智慧课堂。

"智慧职教"使用帮助及常见问题解答请访问 help.icve.com.cn。

前言

《国家职业教育改革实施方案》中明确提出,在职业院校、应用型本科高校启动学历证书 + 职业技能等级(1+X)证书制度试点。启动 1+X 证书制度试点,是促进技术技能人才培养培训模式和评价模式改革、提高人才培养质量的重要举措,是拓展就业创业本领、缓解结构性就业矛盾的重要途径,对于构建国家资历框架、推进教育现代化、建设人力资源强国具有重要意义。

当前,智能制造产业正飞速发展,掀起了新一轮科技革命和产业革命的浪潮。产业发展带动人才需求,我国目前从事工业机器人及智能制造行业的相关企业有上万家,相应的人才储备数量和质量却捉襟见肘,缺口数百万,已经成为产业转型升级的重要制约要素之一。为了适应产业发展对人才培养的需要,中职、高职、本科院校纷纷开设工业机器人应用相关专业,仅中高职工业机器人技术相关专业办学点数量迅速增加到上千个。但是目前工业机器人应用人才培养还存在终身学习体系不健全,工业机器人实训基地建设质量不高,专业教学标准、实训条件标准、评价标准等制度标准不够健全等系列问题。

北京赛育达科教有限责任公司作为教育部指定的"工业机器人应用编程"职业技能等级证书 1+X 证书制度试点的培训评价组织,依据教育部有关落实《国家职业教育改革实施方案》的相关要求,组织开发了"工业机器人应用编程"职业技能等级证书,指导院校开展 1+X 证书制度试点工作,推进工业机器人应用领域相关专业人才培养,与国家开放大学等共同推进国家资历框架与学分银行建设。

为了配合"工业机器人应用编程"职业技能等级证书试点工作的需要,使广大职业院校学生、企业在岗职工、社会学习者能更好地掌握相应职业技能要求及评价考核要求,获取相关证书,北京赛育达科教有限责任公司在江苏汇博机器人技术股份有限公司、全国机械行业工业机器人与智能装备职业教育集团等大力支持下,组织编写了本教材。

本教材以"工业机器人应用编程"职业技能等级证书（中级）要求为开发依据：能遵守安全规范，对工业机器人单元进行参数设定；能够对工业机器人及常用外围设备进行连接和控制；能够按照实际需求编制工业机器人单元应用程序；能按照实际工作站搭建对应的仿真环境，对典型工业机器人单元进行离线编程，可以在相关工作岗位从事工业机器人系统操作编程、自动化系统设计、工业机器人单元离线编程及仿真、工业机器人单元运维、工业机器人测试等工作。从企业的生产实际出发，经过广泛调研，选取装配、写字、视觉分拣、产品定制等典型应用案例，以工作任务为核心，重构相关学习内容，系统介绍工业机器人离线编程技术、工业机器人与外围接口技术、工业机器人系统调试技术等，使学习者能够在相关工作任务的完成过程中，掌握工业机器人应用领域宽泛的技术性知识和理论性知识，能选择应用各种不同的外围设备等，采用现场编程或离线编程等方式，对工业机器人应用系统完成编程调试工作，解决应用中的常规问题。

本教材在编写过程中，得到了有关专家和技术人员的大力支持，在此一并表示感谢。由于时间仓促，缺乏经验，如有不足之处，恳请各使用单位和个人提出宝贵意见和建议。

编　者

2021 年 1 月

目录

项目一　工业机器人装配应用编程

 ## 证书技能要求

工业机器人应用编程证书技能要求（中级）
1.1.1　能够根据工作任务要求设置总线、数字量 I/O、模拟量 I/O 等扩展模块参数
1.1.2　能够根据工作任务要求设置、编辑 I/O 参数
1.3.1　能够按照作业指导书安装焊接、打磨、雕刻等工业机器人系统等外部设备
2.1.1　能够根据工作任务要求,利用扩展的数字量 I/O 信号对供料、输送等典型单元进行工业机器人应用编程
2.1.3　能够根据工作任务要求,通过组信号与 PLC 实现通信
2.3.1　能够根据工作任务要求,编制工业机器人与 PLC 等外部控制系统的应用程序

 ## 项目引入

　　装配机器人是生产车间必不可少的一种工业机器人。它有水平关节型、直角坐标型、多关节型和圆柱坐标型等多种类型,能够进行不同的工件生产。用于装配的工业机器人具有精度高、柔顺性好、工作范围小、能与其他系统配套使用等特点,主要用于电子信息制造行业。

　　本项目的主要任务包括 PLC 与工业机器人数据通信、立体仓库应用编程、旋转供料应用编程和电机装配应用编程四个子任务。通过四个子任务的学习和训练,了解装配作业过程中,立体仓储和旋转供料的 PLC 编程和控制,掌握 PLC 和工业机器人的数据通信和数据解析,实现工业机器人系统对立体仓储和旋转供料的编程和控制,完成电机部件装配综合应用编程。

 ## 知识目标

1. 了解以太网通信;
2. 了解 TCP/IP 通信指令;
3. 了解步进电动机控制原理;

4. 掌握集成轴工艺对象及其指令；

5. 掌握 PLC 与工业机器人的通信方式；

6. 掌握立体仓库与 PLC 的通信方式。

 ## 能力目标

1. 能进行 PLC 组态及设置；

2. 能编制工业机器人与 PLC 的通信程序；

3. 能进行以太网通信模块的配置；

4. 能建立立体仓库与 PLC 的通信；

5. 能编制立体仓库工件信息检测程序；

6. 能编制旋转供料的 PLC 程序。

学习导图

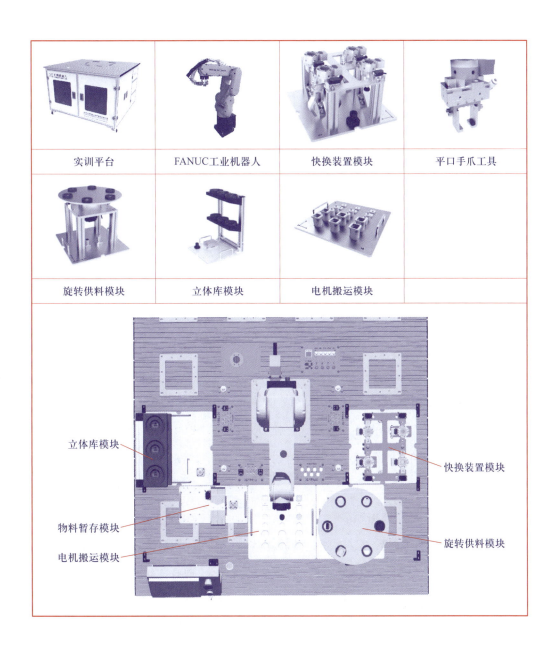			
实训平台	FANUC工业机器人	快换装置模块	平口手爪工具
旋转供料模块	立体库模块	电机搬运模块	

立体库模块

快换装置模块

物料暂存模块

旋转供料模块

电机搬运模块

任务 1.1　PLC 和工业机器人数据通信

教学课件
任务 1.1

微课
PCL 和工业机
器人数据通信

微课
TCP/IP 通信
指令

任务提出

工业机器人应用编程实训平台需要将 PLC 与工业机器人进行通信,工业机器人将数据包发送到 PLC,PLC 将数据包发送给工业机器人,实现数据的传输和通信。

本任务主要内容包括:了解 TCP/IP 通信原理;掌握 TCP/IP 通信指令;通过 PLC 和工业机器人的通信编程,实现 PLC 与工业机器人之间的通信测试。

知识准备

1.1.1　TCP/IP 通信指令

TCP/IP 通信指令用于西门子 PLC 和工业机器人之间的通信连接,包括用于发送通信数据的 TSEND_C 指令和用于接收通信数据的 TRCV_C 指令。

1. TSEND_C 指令

TSEND_C 指令设置并建立 TCP 或 ISO-on-TCP 通信连接。该指令设置并建立连接后,CPU 会自动保持和监视该连接,参数 CONNECT 中指定的连接是用于设置通信连接。TSEND_C 指令参数说明如表 1-1 所示。TSEND_C 指令异步执行且具有以下功能:

(1) 设置并建立通信连接

通过 CONT=1 设置并建立通信连接。连接成功建立后,参数 DONE 将置位为"1"并持续一个周期。CPU 进入 STOP 模式后,将终止现有连接并移除已设置的连接。要再次设置并建立该连接,需再次执行 TSEND_C 指令。

(2) 通过现有通信连接发送数据

通过参数 DATA 可指定发送区,该发送区包含要发送数据的地址和长度,不可在参数 DATA 中使用数据类型为 BOOL 或 Array of BOOL 的数据区。如果在参数 DATA 中使用纯符号值,则参数 LEN 的值必须为"0"。

表 1-1　TSEND_C 指令参数说明

LAD/FBD	I/O 参数		数据类型	说明
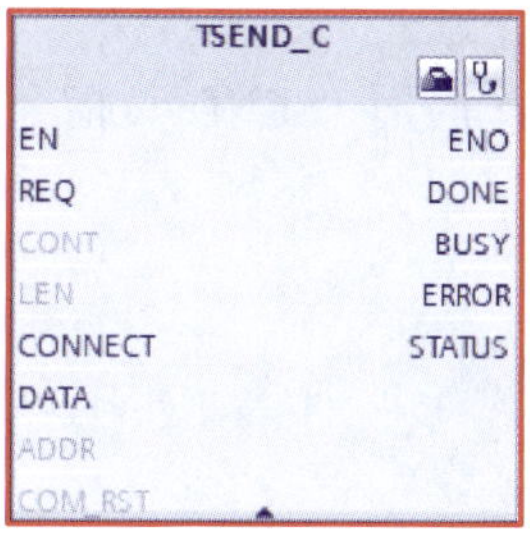	IN	EN	BOOL	使能
		REQ	BOOL	上升沿时信号启动操作
		CONT	BOOL	控制通信连接,0:断开连接;1:保持连接
		LEN	UDINT	要通过作业发送的最大字节数。如果在参数 DATA 中使用具有优化访问权限的发送区,参数 LEN 的值必须为 "0"
		CONNECT	VARIANT	指向连接描述结构的指针
		DATA	VARIANT	指向发送区的指针,该发送区包含要发送数据的地址和长度
		ADDR	VARIANT	UDP(用户数据报协议)需使用的隐藏参数
		COM_RST	BOOL	重置连接,0:不相关;1:重置所有连接
	OUT	ENO	BOOL	使能输出端,如果执行成功无任何错误,则 ENO 的信号状态为 "1"。不满足条件时,ENO 的信号状态为 "0"
		DONE	BOOL	状态参数,可具有以下值,0:发送作业尚未启动或仍在进行;1:发送作业已成功执行。此状态将仅显示一个周期
		BUSY	BOOL	状态参数,可具有以下值,0:发送作业尚未启动或已完成;1:发送作业尚未完成。无法启动新发送作业
		ERROR	BOOL	状态参数,可具有以下值,0:无错误;1:建立连接、传送数据或终止连接时出错
		STATUS	WORD	指令的状态

（LAD/FBD 单元格中为指令框图）

TSEND_C

EN　　　　　ENO
REQ　　　　 DONE
CONT　　　　BUSY
LEN　　　　 ERROR
CONNECT　　STATUS
DATA
ADDR
COM_RST

（3）在参数 REQ 中检测到上升沿时执行发送作业

使用参数 LEN 可指定通过一个发送作业发送的最大字节数。发送数据（在参数 REQ 的上升沿）时，参数 CONT 的值必须为"1"才能建立或保持连接。在发送作业完成前不允许编辑要发送的数据。如果发送作业成功执行，则参数 DONE 将置位为"1"，但参数 DONE 的信号状态"1"并不能确定通信伙伴已读取所发送的数据。

（4）终止通信连接

参数 CONT 置位为"0"时，即使当前进行的数据传送尚未完成，也将终止通信连接。但如果对 TSEND_C 指令使用了已组态连接，将不会终止通信连接。

参数 COM_RST 置位为"1"时，可以随时重置当前建立的通信连接或当前数据传输，即终止现有通信连接并建立新连接。如果再次执行 TSEND_C 指令时正在传送数据，可能会导致数据丢失。要在执行（DONE=1）后再次启用 TSEND_C 指令，使用 REQ=0 调用一次 TSEND_C 指令即可。

2. TRCV_C 指令

TRCV_C 指令异步执行且具有以下功能：

（1）设置并建立通信连接

TRCV_C 指令设置并建立一个 TCP 或 ISO-on-TCP 通信连接。设置并建立连接后，CPU 会自动保持和监视该连接，参数 CONNECT 指定的连接描述用于设置通信连接；要建立连接，参数 CONT 的值必须置位为"1"；成功建立连接后，参数 DONE 将被置位为"1"。CPU 进入 STOP 模式后，将终止现有连接并移除已设置的连接，要再次设置并建立该连接，需要再次执行 TRCV_C 指令。TRCV_C 指令参数说明如表 1-2 所示。

（2）通过现有通信连接接收数据

如果参数 EN_R 的值设置为"1"，则启用数据接收。接收数据（在参数 EN_R 的上升沿）时，参数 CONT 的值必须为"1"才能建立或保持连接。

接收到的数据将输入到接收区中，根据所用的协议选项，接收区长度通过参数 LEN 指定（若 LEN ≠ 0），或者通过参数 DATA 的长度信息来指定（若 LEN=0）。如果在参数 DATA 中使用纯符号值，则参数 LEN 的值必须为"0"。

表 1-2　TRCV_C 指令参数说明

LAD/FBD	I/O 参数		数据类型	说明
	IN	EN	BOOL	使能
		EN_R	BOOL	上升沿时信号启动操作
		CONT	BOOL	控制通信连接,0:断开;1:保持
		LEN	UDINT	要通过作业接收的最大字节数。如果在参数 DATA 中使用具有优化访问权限的发送区,参数 LEN 的值必须为"0"
		CONNECT	VARIANT	指向连接描述结构的指针
		DATA	VARIANT	指向接收区的指针,该发送区包含要发送数据的地址和长度
		ADDR	VARIANT	UDP 需使用的隐藏参数
		COM_RST	BOOL	重置连接,0:不相关;1:重置所有连接
	OUT	ENO	BOOL	使能输出端,如果执行成功无任何错误,则 ENO 的信号状态为"1";不满足条件时,ENO 的信号状态为"0"
		DONE	BOOL	状态参数,可具有以下值,0:接收作业尚未启动或仍在进行;1:发送作业已成功执行。此状态将仅显示一个周期
		BUSY	BOOL	状态参数,可具有以下值,0:接收作业尚未启动或已完成;1:发送作业尚未完成。无法启动新发送作业
		ERROR	BOOL	状态参数,可具有以下值,0:无错误;1:建立连接、传送数据或终止连接时出错
		STATUS	WORD	指令的状态
		RCVD_LEN	UINT	实际接收到的数据量(以字节为单位)

LAD/FBD 图示：

```
          TRCV_C
EN                  ENO
EN_R                DONE
CONT                BUSY
LEN                 ERROR
ADHOC               STATUS
CONNECT             RCVD_LEN
DATA
ADDR
COM_RST
```

成功接收数据后,参数 DONE 的信号状态为"1"。如果数据传送过程中出错,参数 DONE 将设置为"0"。

(3) 终止通信连接

参数 CONT 设置为"0"时,将立即终止通信连接。

🔧 任务实施

1.1.2　PLC 和工业机器人网络连接

PLC 和工业机器人之间通过网线连接实现以太网通信。

PLC 端的接线如图 1-1 所示,其中一根网线连接到工业机器人端口,另一根网线连接到触摸屏端口。

(a)　　　　　　　　　　　　　　　　(b)

图 1-1　PLC 端的接线图

1.1.3　PLC 通信编程

1. PLC 硬件组态

工业机器人应用编程实训平台使用了西门子 S7-1200PLC。该 PLC 设备的组态清单如表 1-3 所示。

表 1-3　PLC 设备组态清单

产品名称	名称分配	订货号	IP 地址分配	版本号
SIMATIC S7-1200	PLC_1	6ES7 215-1AG40-0XB0	192.168.101.13	V4.2

硬件组态是编程的基础,PLC 编写接口程序需要建立在组态的基础上。PLC 组态步骤如下。

① 打开 PORTAL 软件，单击"创建新项目"，项目名称默认为"项目 1"，单击"创建"按钮，如图 1-2 所示。

图 1-2　创建 PLC 新项目

② 选择设备版本号（必须与实际工作站一致）。单击"设备与网络"，选择"添加新设备"，在"控制器"中选择"CPU 1215C DC/DC/DC"，设备订货号为"6ES7 215-1AG40-0XB0"，设备版本为"V 4.2"，单击"添加"按钮，如图 1-3 所示。

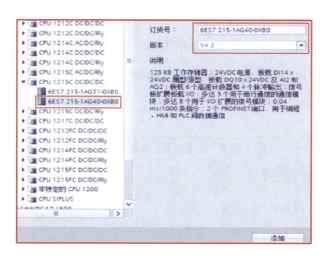

图 1-3　添加 PLC 设备

③ 双击所添加设备，在"以太网地址"下设定"IP 协议"中的"IP 地址"为"192.168.101.13"，子网掩码默认为"255.255.255.0"，如图 1-4 所示。

④ 勾选"系统和时钟储存器"下的"启用系统存储器字节"和"启用时钟存储器字节"复选框，如图 1-5 所示。

⑤ 组态完成后需进行编译并下载到 PLC 设备中。

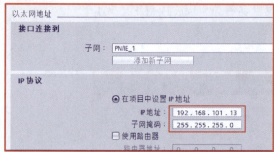

图 1-4　配置 PLC 的 IP

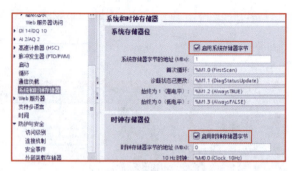

图 1-5　勾选"启用系统存储器字节"和
"启用时钟存储器字节"复选框

2. 创建通信数据块

由于 PLC 与工业机器人之间已设计专用接口,其接口具有固定的数据长度,即 196Byte(字节)发送和 196Byte 接收。因此,PLC 与工业机器人在交互数据时,必须满足所设计的接口长度为 196Byte,才能进行通信,否则通信会失败。

在项目树中创建全局 DB_RB_CMD 块和 DB_PLC_STATUS 块,如图 1-6 所示。

右击数据块,在弹出的对话框中选择"属性",取消勾选"优化的块访问"并单击"确定"按钮,如图 1-7 所示。

图 1-6　创建 DB_PLC_STATUS 数据块

在对应数据块中创建相应数据类型,如图 1-8(a)和图 1-8(b)所示。工业机器人将 196Byte 的通信数据发送到 PLC 数据块 DB_RB_CMD.PLC_RCV_Data 中,PLC 将数据进行解析存放到数据块 DB_RB_CMD.RB_CMD 中,得到实际数据,如图 1-8(c)和图 1-8(d)所示;PLC 将需要发送给工业机器人的 196Byte 通信数据存放数据块 DB_PLC_STATUS.PLC_

图 1-7　取消勾选"优化的块访问"

Send_Data 中,再将这些数据进行转换,并存放到数据块 DB_PLC_STATUS.PLC_Status 中,得到实际发送数据,如图 1-8(e)和图 1-8(f)所示。

DB_PLC_STATUS	名称	数据类型	偏移量
1	▼ Static		
2	▶ PLC_Send_Data	Struct	0.0
3	▶ PLC_Status	Struct	196.0

(a) DB_RB_CMD数据块

DB_RB_CMD	名称	数据类型	偏移量
1	▼ Static		
2	▶ PLC_RCV_Data	Struct	0.0
3	▶ RB_CMD	Struct	196.0

(b) DB_PLC_STATUS数据块

	名称	数据类型	偏移量
2	▼ PLC_RCV_Data	Struct	0.0
3	▶ RB自定义数据	Array[0..15] of DInt	0.0
4	▶ 库位物料	Array[0..5] of DInt	64.0
5	▶ 库位信息	Array[0..5] of DInt	88.0
6	旋转供料系统命	DInt	112.0
7	旋转供料运行指	DInt	116.0
8	变位机命令	DInt	120.0
9	变位机目标位置	Real	124.0
10	变位机目标速度	Real	128.0
11	行走轴命令	DInt	132.0
12	行走轴目标位置	Real	136.0
13	行走轴目标速度	Real	140.0
14	RFID指令	DInt	144.0
15	STEPNO	DInt	148.0
16	DATE_TIME	DInt	152.0
17	▶ RFID_W_DATA	Array[0..9] of DInt	156.0

(c) PLC接收工业机器人的数据

	名称	数据类型	偏移量
3	▼ RB_CMD	Struct	196.0
4	▶ RB自定义数据	Array[0..15] of DInt	196.0
5	▶ 库位物料	Array[0..5] of DInt	260.0
6	▶ 库位信息	Array[0..5] of DInt	284.0
7	旋转供料命令	SInt	308.0
8	旋转供料运行指	SInt	309.0
9	变位机命令	Word	310.0
10	变位机目标位置	Real	312.0
11	变位机目标速度	Int	316.0
12	行走轴命令	Word	318.0
13	行走轴目标位置	Real	320.0
14	行走轴目标速度	Int	324.0
15	RFID指令	Int	326.0
16	STEPNO	Int	328.0
17	DATE_TIME	DInt	330.0
18	▶ RFID待写入信息	Array[0..27] of Char	334.0

(d) PLC接收工业机器人的处理数据

	名称	数据类型	偏移量
2	▼ PLC_Send_Data	Struct	0.0
3	▶ PLC自定义数据	Array[0..15] of DInt	0.0
4	▶ 库位物料	Array[0..5] of DInt	64.0
5	▶ 库位信息	Array[0..5] of DInt	88.0
6	旋转供料系统状	DInt	112.0
7	旋转供料指令执	DInt	116.0
8	变位机状态	DInt	120.0
9	变位机当前位置	Real	124.0
10	变位机当前速度	Real	128.0
11	行走轴状态	DInt	132.0
12	行走轴当前位置	Real	136.0
13	行走轴当前速度	Real	140.0
14	RFID状态反馈	DInt	144.0
15	RFID_Search_NO	DInt	148.0
16	DATE_TIME	DInt	152.0
17	▶ RFID_R_DATA	Array[0..9] of DInt	156.0

(e) PLC发送工业机器人的数据

	名称	数据类型	偏移量
3	▼ PLC_Status	Struct	196.0
4	▶ PLC自定义数据	Array[0..15] of DInt	196.0
5	▶ 库位物料	Array[0..5] of DInt	260.0
6	▶ 库位信息	Array[0..5] of DInt	284.0
7	旋转供料系统状	SInt	308.0
8	旋转供料指令执	SInt	309.0
9	变位机状态	Word	310.0
10	变位机当前位置	Real	312.0
11	变位机当前速度	Int	316.0
12	行走轴状态	Word	318.0
13	行走轴当前位置	Real	320.0
14	行走轴当前速度	Int	324.0
15	RFID状态反馈	Int	326.0
16	RFID_Search_NO	Int	328.0
17	DATA_TIME	DInt	330.0
18	▶ RFID读取信息	Array[0..27] of Char	334.0

(f) PLC发送工业机器人的处理数据

图 1-8　通信数据

3. PLC 通信编程

PLC 通信编程需要创建两个程序块，一个为"系统通信功能"，一个为"通信数据解析"，具体编程步骤如下。

① 在左侧项目树中添加系统通信功能的 LAD 函数块，"名称"设为"系统通信功能"，如图 1-9 所示。

② 在右侧"指令"→"选项"→"通信"→"开放式用户通信"中将 TSEND_C 指令和 TRCV_C 指令拖入到新建的"系统通信功能"块中，如图 1-10 所示。

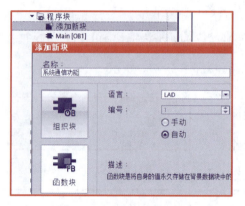

图 1-9　添加程序块

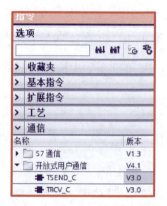

图 1-10　添加通信指令

③ 系统会自动生成对应的背景数据块，选择"单个实例"，单击"确定"按钮，如图 1-11 所示。分别在发送块与接收块中输入所对应 data 数据的地址"P#DB45.DBX0.0 BYTE 196"与"P#DB46.DBX0.0 BYTE 196"，并将 CONT 控制通信连接设置为"1"或"TRUE"，如图 1-12 和图 1-13 所示。

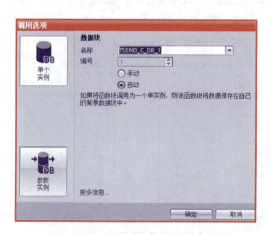

图 1-11　通信指令背景数据块

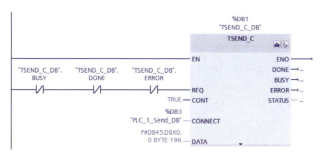

图1-12 PLC数据发送指令

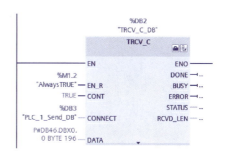

图1-13 PLC数据接收指令

④ 双击发送块上的组态按钮圜设置连接参数,将"伙伴"改为"未指定",如图1-14所示。将地址改为工业机器人地址"192.168.101.13","连接数据"选择"新建",选中"主动建立连接","本地端口"设置为2001,如图1-15所示。

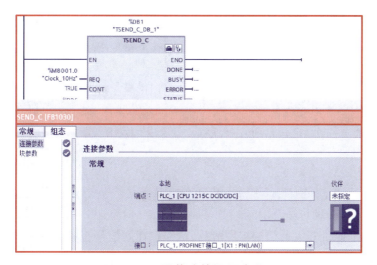

图1-14 通信连接设置步骤1

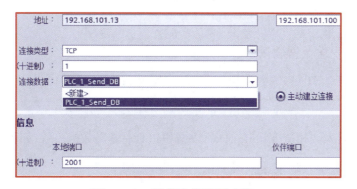

图1-15 通信连接设置步骤2

⑤ 在 PLC 中建立通信数据解析块并对数据进行解析,如图 1-16 所示。

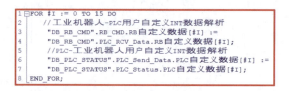

```
1  FOR #I := 0 TO 15 DO
2      //工业机器人-PLC用户自定义INT数据解析
3      "DB_RB_CMD".RB_CMD.RB自定义数据[#I] :=
4      "DB_RB_CMD".PLC_RCV_Data.RB自定义数据[#I];
5      //PLC-工业机器人用户自定义INT数据解析
6      "DB_PLC_STATUS".PLC_Send_Data.PLC自定义数据[#I] :=
7      "DB_PLC_STATUS".PLC_Status.PLC自定义数据[#I];
8  END_FOR;
```

图 1-16 通信数据解析

⑥ 打开如图 1-17 所示 Main 主程序,分别将"系统通信功能"块和"通信数据解析"块拖入主程序,如图 1-18 所示,完成后进行编译并下载到 PLC 中。

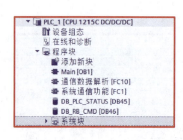

图 1-17 打开 Main 主程序

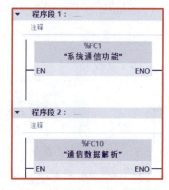

图 1-18 添加程序块

微课
PLC 与工业机器人通信测试

1.1.4 PLC 与工业机器人通信测试

PLC 和工业机器人通信编程完成后,可能存在通信是否成功建立、数据收发是否正确等问题,所以需要对 PLC 和工业机器人进行通信测试。通信测试主要采用一端赋值,另一端查看接收到的相应数据,根据接收数据和发送数据的一致性判断通信是否正常。

1. PLC 发送数据测试

将 DB_PLC_STATUS 数据块中"PLC 自定义数据[0]"的值设为 2,如图 1-19 所示。

工业机器人端相应变量 R[21]的数据和 PLC 端输出数据一致,如图 1-20 所示。

2. 工业机器人端发送数据测试

工业机器人端将变量 R[61]的值设为 3,如图 1-21 所示。

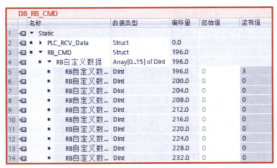

图 1-19　PLC 端修改 "PLC 自定义数据 [0]" 的值

```
R[ 21:user int[01] in ]=2
R[ 22:user int[02] in ]=0
R[ 23:user int[03] in ]=0
R[ 24:user int[04] in ]=0
R[ 25:user int[05] in ]=0
R[ 26:user int[06] in ]=0
R[ 27:user int[07] in ]=0
```

```
R[ 61:user int[01] out]=3
R[ 62:user int[02] out]=0
R[ 63:user int[03] out]=0
R[ 64:user int[04] out]=0
R[ 65:user int[05] out]=0
R[ 66:user int[06] out]=0
R[ 67:user int[07] out]=0
```

图 1-20　PLC 端发送数据测试成功　　　图 1-21　修改 R [61] 的值

PLC 端相应的 "RB 自定义数据 [0]" 与工业机器人端输出的数据一致,如图 1-22 所示。

图 1-22　工业机器人端发送数据测试成功

任务 1.2　立体仓库应用编程

任务提出

立体仓库是指采用多层多列货架以货箱或托盘储存货物的仓库,在自动化装配、打包、物流包装等多个领域得到广泛应用。本项目用到的立体仓库使用工业机

拓展练习 1.1

教学课件
任务 1.2

器人实训平台提供的立体库模块。

工业机器人装配应用项目的首要任务是完成关节底座的装配,需要对工业机器人进行示教编程,使用弧口手爪工具从立体库模块取出关节底座,放置到装配模块并控制装配模块上的定位气缸固定工件,同时 HMI 更新显示立体库模块的状态。

本任务主要内容包括:

1. 配置以太网通信模块;

2. 读取立体库模块仓位状态;

3. 工业机器人从立体库模块取出并装配关节底座。

知识准备

1.2.1　以太网通信

以太网是一种基带局域网技术。以太网通信是一种使用同轴电缆作为传输介质,采用载波多路访问和冲突检测机制的通信方式,数据传输速率可以达到 1Gbit/s,可满足非持续性网络数据传输的需要。

通用的以太网通信协议是 TCP/IP(Transmission Control Protocol/Internet Protocol),中文译为传输控制协议 / 因特网互联协议。与开放系统互连(OSI)模型相比,TCP/IP 采用了更加开放的方式,并被广泛应用于实际工程。TCP/IP 可以用在各种各样的信道和底层协议(如 T1、X.25 以及 RS–232 串行接口)之上。确切地说,TCP/IP 是包括 TCP、IP、UDP(User Datagram Protocol)、ICMP(Internet Control Message Protocol)和其他一些协议的协议组。

TCP/IP 并不完全符合 OSI 的七层参考模型。传统的开放系统互连参考模型,是一种通信协议的七层抽象参考模型,其中每一层执行某一特定任务。该模型的目的是使各种硬件在相同的层次上相互通信。而 TCP/IP 采用了四层结构,每一层都呼叫它的下一层所提供的网络来完成自己的需求,如图 1–23 所示。

1. 链路层

单个 0、1 是没有意义的,链路层以字节为单位把 0 与 1 进行分组,定义数据帧,写入源机器和目标机器的物理地址、数据、校验位来传输数据。图 1–24 所示是链

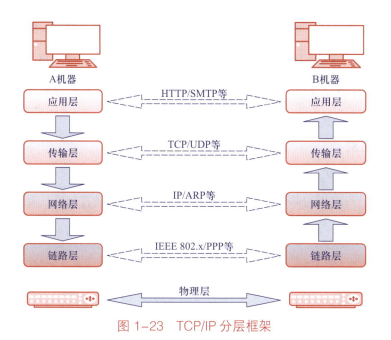

图 1-23　TCP/IP 分层框架

链路层报头			帧上数据			校验
源MAC地址 (6字节)	目标MAC地址 (6字节)	网络层协议	IP报头	IP数据 TCP报头 (若有)	TCP数据 (若有)	(4字节)

图 1-24　链路层报文结构

路层报文件结构。

MAC 地址 6 字节共 48 位,通常用十六进制数表示。使用"ifconfig -a"命令即可看到 MAC 地址。前 24 位由管理机构统一分配,后 24 位由厂家自己分配,保证网卡全球唯一。网卡就像家庭地址一样,是计算机世界范围内的唯一标识。

2. 网络层

根据 IP 定义网络地址,区分网段。子网内根据地址解析协议(ARP)进行 MAC 寻址,子网外进行路由转发数据包,这个数据包即 IP 数据包。

3. 传输层

实现端口到端口的通信。数据包通过网络层被发送到目标机器后,将会被交给应用程序。

最典型的传输层协议是 UDP 和 TCP。UDP 只是 IP 数据包上的端口等部分信

息,是面向无连接的不可靠传输数据传输方式,多用于视频通信、电话会议等(即使少一帧数据也无妨)。TCP 是面向连接的,是一种端对端的通过失败重传机制实现的可靠传输数据的传输方式,给人的感觉就像是有一条固定的通路承载着数据的可靠传输。

4. 应用层

传输层的数据到达应用层时,可以通过某种统一规定的协议格式解读。从另一种角度来看,应用层将数据以某种统一规定的协议格式打包然后交给传输层传输。比如,E-mail 在各个公司的程序界面、操作步骤、管理方式都不一样,但是都能够互相读取邮件内容,是因为 SMTP 就像传统的书信格式一样,按规定填写邮编及收信人信息。

1.2.2　以太网通信模块

以太网通信模块就是用来对以太网上传输的信号进行调试和解调,将其转为可交给 CPU(中央处理器)识别和处理的有效数据的模块,如计算机里面的网卡。以太网上的数据是以一种差分的形式传递的,CPU 无法识读,所以需要以太网通信模块,将网络上的信号转换为 CPU 能够识别的 0 和 1 数据,同时有些以太网通信模块也按照 TCP/IP,将网络上传递的数据进行转换。以太网通信模块连接图如图 1-25 所示。

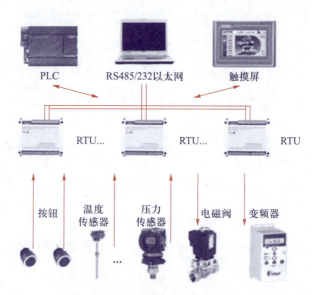

图 1-25　以太网通信模块连接图

本项目选用的以太网通信模块型号为TCP-507T。该模块支持西门子等品牌的PLC,支持组态王、力控、MCGS等品牌的组态软件,支持RS232、RS485接口,支持Modbus协议触摸屏、文本屏,支持所有标准的Modbus设备联机通信。TCP-507T以太网通信模块的参数如表1-4所示,模块接口如图1-26所示。

表1-4 TCP-507T以太网通信模块参数表

参数类别	参数说明
CPU	美国进口芯片,32位ATMEL ARM高速处理器,72 MHz
操作系统	GCOS,10 ms调度机制
供电电压	DC 7~35 V,2 W,电源反接保护,隔离设计
通信接口	DC-DC隔离设计,2 500 V防雷,ESD,过电压,过电流保护
外形尺寸	体积(长×宽×高):145 mm×90 mm×40 mm
安装方式	螺钉固定或者导轨安装
环境指标	−40~85℃,5%~95% RH无凝露,IP20防护
硬件看门狗	1.5 s硬件看门狗保护系统
通道隔离	DC 2 500 V隔离,抗干扰保护设计

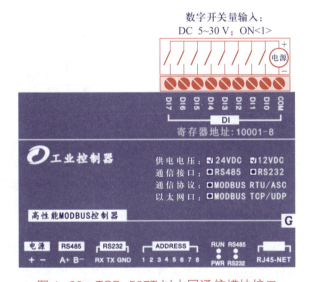

图1-26 TCP-507T以太网通信模块接口

任务实施

1.2.3　立体仓库安装与连接

立体库模块和 PLC 之间采用以太网 TCP/IP 通信。立体库模块线缆主要包括 24 V 电源线和以太网通信线。根据项目设备布局要求，立体库模块的安装和连接步骤如下。

操作步骤	操作说明	示意图
1	立体库模块的安装效果如右图所示	
2	24 V 电源线的一端连接到立体库模块的电源接口上	
3	24 V 电源线的另一端连接到通用电气接口板的 J7 接口	
4	以太网通信线的一端连接到立体库模块的网口上	
5	以太网通信线的另一端连接到通用电气接口板的 LAN2 网口上	

1.2.4　以太网通信模块配置

在使用以太网通信模块前,需要用通信参数配置软件配置其 IP 地址及端口号。在系统中,已配置其 IP 地址为 192.168.101.75,端口为 502。若模块 IP 地址未知,则需要先恢复出厂设置后再重新配置。以太网通信模块的配置步骤如下。

微课
以太网通信模块配置

操作步骤	操作说明	示意图
1	模块出厂设置的 IP 地址为 192.168.1.75。打开通信参数配置软件,右击"以太网属性",选择"Internet 协议版本 4(TCP/IPv4)",单击"属性"按钮。将计算机 IP 地址设置为 192.168.1.174	Internet 协议版本 4 (TCP/IPv4) 属性 常规 如果网络支持此功能,则可以获取自动指派的 IP 设置。否则,你需要从网络系统管理员处获得适当的 IP 设置。 ○ 自动获得 IP 地址(O) ● 使用下面的 IP 地址(S): IP 地址(I): 192.168.1.174 子网掩码(U): 255.255.255.0 默认网关(D):
2	下拉"选择通信接口"菜单,将通信接口设置为"TCP/IP",单击"系统配置读"按钮读取系统配置	用户操作界面 选择通信接口: TCP/IP 系统配置读 系统配置写
3	将本机以太网配置栏中 IP 地址更改为"192.168.101.75",其他设置保持默认值,单击"系统配置写"按钮	本机以太网配置 地址: 同RS485 IP地址: 191.168.101.75 端口号: 502 子网掩码: 255.255.255.0 默认网关: 182.168.1.1 MAC地址: 0011259329e8 保活周期: 1 单位*30s 最大255
4	按照弹出的系统提示,将模块的电源断开 5 s 后再重新上电,单击"确定"按钮	⚠ 模块断电5秒,然后重新上电,即可正常使用 确定

1.2.5 立体仓库——仓位状态的 PLC 接口设计

1. 立体仓库 PLC 接口编程

立体库模块仓位状态的 PLC 接口设计操作步骤如下。

微课
立体仓库 PLC
接口编程

操作步骤	操作说明	示意图
1	双击打开任务 1.1 中建立的"项目 1"程序	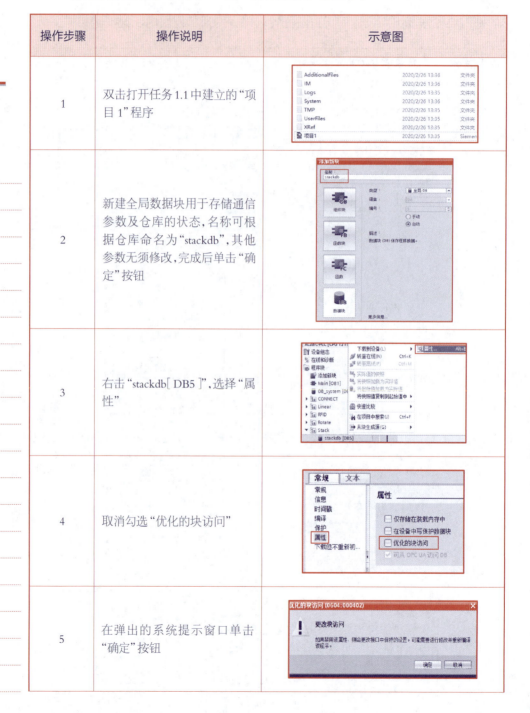
2	新建全局数据块用于存储通信参数及仓库的状态,名称可根据仓库命名为"stackdb",其他参数无须修改,完成后单击"确定"按钮	
3	右击"stackdb[DB5]",选择"属性"	
4	取消勾选"优化的块访问"	
5	在弹出的系统提示窗口单击"确定"按钮	

操作步骤	操作说明	示意图
6	添加用于描述以太网通信参数的变量 Modbus，数据类型需手动填写为"TCON_IP_v4"	 stackdb 名称　数据类型 Static Modbus　TCON_IP_v4 ＜新增＞
7	展开 Modbus 变量，填写相应参数。InterfaceId 属性的值设置为 64，ID 属性的值设置为 3，ActiveEstablished 属性的值为 TRUE，RemoteAddress 的值依次设置为 192、168、101、75，RemotePort 端口的值设置为 502	stackdb 名称　数据类型　偏移量　起始值 Static Modbus　TCON_IP_v4 InterfaceId　HW_ANY　64 ID　CONN_OUC　3 ConnectionType　Byte　16#0B ActiveEstablished　Bool　TRUE RemoteAddress　IP_V4 ADDR　Array[1..4] of Byte ADDR[1]　Byte　192 ADDR[2]　Byte　168 ADDR[3]　Byte　101 ADDR[4]　Byte　75 RemotePort　UInt　502 LocalPort　UInt　0
8	创建 bool 型数组 DI，长度为 8，用于存储通信模块中传输的各个仓位传感器状态	kdb 名称　数据类型 Static Modbus　TCON_IP_v4 DI　Array[0..7] of Bool ＜新增＞
9	变量及参数创建完成后，编译此数据块并记录其偏移值备用	stackdb 名称　数据类型　偏移量 Static Modbus　TCON_IP_v4　0.0 DI　Array[0..7] of Bool　14.0
10	创建名为 stack 的函数，语言为 LAD 即梯形图，完成后单击"确定"按钮	名称： stack OB 组织块 FB 函数块 FC 函数 语言：LAD 编号： ○手动 ●自动 描述： 函数是没有专用存储区的代码块。
11	浏览软件窗口右侧指令菜单，找到"通信"栏下"其他"→"MODBUS TCP"→"MB_CLIENT"命令并双击	▼ 通信 名称　描述 ▶ 📁 S7 通信 ▶ 📁 开放式用户通信 ▶ 📁 WEB 服务器 ▼ 📁 其他 ▼ 📁 MODBUS TCP MB_CLIENT　通过 P... MB_SERVER　通过 P...

操作步骤	操作说明	示意图
12	使用默认的数据块名称及其他参数,无须修改,单击"确定"按钮	
13	如右图所示,设置通信功能指令的参数。程序编写完成后,需要在 main 程序块中引用 stackdb 块。如果引用的是函数块,还会生成相应的背景数据块,通常以默认名称保存即可	

2. 仓位状态通信数据解析

立体库模块仓位信号为数字信号,但工业机器人系统要求输入的仓位信息是通信数据,即每个仓位 1 字节,需要将仓位状态通信数据进行解析,具体步骤如下。

操作步骤	操作说明	示意图
1	在 PLC 程序中创建用于处理仓库数据的函数块"stackdata",使用"SCL"语言	
2	单击块接口下拉菜单或拖动分割线展开块接口,在静态变量声明处创建用于循环计数的整型变量 i,变量类型为 Int	

操作步骤	操作说明	示意图

3	添加 FOR 循环结构,使用 i 作为循环变量,下限为 0,上限为 5,对应立体库模块的 6 个仓位。编制以太网通信模块的数据处理程序,若仓位传感器状态为 1,则将 1 写入待发送给工业机器人的对应变量;反之,则写入 0。
	// 仓位物料数据解析
	FOR #J:= 0 TO 5 DO
	　　//507T 模块数据解析
	　　IF"DB_TCP_DIO".DI[#J] THEN
	　　　"DB_PLC_STATUS".PLC_Status. 仓位物料 [#J]:= 1;
	　　ELSE
	　　　"DB_PLC_STATUS".PLC_Status. 仓位物料 [#J]:= 0;
	　　END_IF;
	　　// 工业机器人 -PLC 仓位数据写入
	　　// 仓位物料
	　　"DB_RB_CMD".RB_CMD. 仓位物料 [#J]:="DB_RB_CMD".PLC_RCV_Data. 仓位物料[#J];
	　　// 仓位信息
	　　"DB_RB_CMD".RB_CMD. 仓位信息 [#J]:="DB_RB_CMD".PLC_RCV_Data. 仓位信息 [#J];
	　　//PLC- 工业机器人仓位数据反馈
	　　// 仓位物料
	　　"DB_PLC_STATUS".PLC_Send_Data. 仓位物料 [#J]:="DB_PLC_STATUS".PLC_Status. 仓位物料 [#J];
	　　// 仓位信息
	　　"DB_PLC_STATUS".PLC_Send_Data. 仓位信息 [#J]:="DB_PLC_STATUS".PLC_Status. 仓位信息 [#J];
	END_FOR;	

3. 仓位工件信息查询

操作步骤	操作说明	示意图
1	定义仓位位置,如右图所示,定义 1~6 个仓位位置	

操作步骤	操作说明	示意图
2	利用示教盒手动操作工业机器人,示教并记录6个仓位的位置数据	PR[11:BasePos1]=R PR[12:BasePos2]=R PR[13:BasePos3]=R PR[14:BasePos4]=R PR[15:BasePos5]=R PR[16:BasePos6]=R
3	编制查询空仓位的程序"GETPUTBASENUM"。将空仓位编号赋值给R［108］。若查询无空仓位,则程序暂停执行	GETPUTBASENUM 　1:FOR R［101］=11 TO 16 ; 　2:R［102］=R［101］+26 ; 　3:IF(R［R［102］］=0) THEN; 　4:R［108:PutPosNum］=R［101］; 　5:END; 　6:ENDIF; 　7:ENDFOR; 　8:PAUSE; 　［END］

拓展练习 1.2

任务 1.3　旋转供料应用编程

任务提出

电机成品暂存在旋转供料模块中,旋转供料模块接收控制指令,检测旋转供料模块中的电机成品,并旋转至合适位置,等待工业机器人使用平口手爪工具抓取电机成品,将其搬运、装配到关节底座中。本任务的主要内容包括:

1. 配置工艺对象;

2. 控制旋转供料模块旋转;

3. 编制工业机器人电机装配程序。

教学课件
任务 1.3

微课
旋转供料应用
编程

知识准备

1.3.1　步进电动机控制原理

步进电动机是一种将脉冲信号变换成相应的角位移(或线位移)的电磁装置,是一种特殊的电动机,如图 1-27 所示。一般电动机都是连续转动的,而步进电动机则有定位和运转两种基本状态,当有脉冲输入时步进电动机一步一步地转动,每给它一个脉冲信号,它就转过一定的角度。步进电动机作为执行元件,是机电一体化的关键产品之一,广泛应用在各种自动化控制系统中。

步进电动机需要专门的驱动装置(驱动器)供电,如图 1-28 所示。驱动器和步进电动机是一个有机的整体,步进电动机的运行性能是与驱动器二者配合所反映的综合效果。每一台步进电动机都有其对应的驱动器,步进电动机驱动器的功能是接收来自控制器的一定数量和频率脉冲信号以及电动机旋转方向的信号,为步进电动机输出功率脉冲信号。

图 1-27　步进电动机　　　图 1-28　步进电动机驱动器

1. 步进电动机的基本原理

当驱动器接收到一个脉冲信号,它就驱动步进电动机按设定的方向转动一个固定的角度(称为"步距角")。它的旋转是以固定的角度一步一步运行的。可以通过控制脉冲个数来控制角位移量,从而达到准确定位的目的;同时可以通过控制脉冲频率来控制电动机转动的速度和加速度,从而达到调速的目的。步进电动机具有没有积累误差(精度为 100%)的特点,可以作为一种控制用的特种电动机,广泛应用于各种开环控制。

2. 步进电动机的基本参数

(1)电动机固有步距角

电动机固有步距角表示控制系统每发一个步进脉冲信号,电动机所转动的角度。电动机出厂时给出了一个步距角的值,如 86BYG250A 型电动机给出的值为 0.9°/1.8°(表示半步工作时为 0.9°,整步工作时为 1.8°),这个步距角可以称为"电动机固有步距角",它不一定是电动机实际工作时的真正步距角,真正的步距角和驱

动器有关。

（2）步进电动机的相数

步进电动机的相数是指电动机内部的线圈组数，目前常用的有二相、三相、四相、五相步进电动机。电动机相数不同，其步距角也不同，一般二相步进电动机的步距角为 0.9°/1.8°，三相的为 0.75°/1.5°，五相的为 0.36°/0.72°。在没有驱动器的情况下，用户可以通过选择不同相数的步进电动机来满足步距角的要求。如果有驱动器，则用户只需在驱动器上改变细分数，就可以改变步距角。

（3）保持转矩

保持转矩是指步进电动机通电但没有转动时，定子锁住转子的力矩。它是步进电动机最重要的参数之一，通常步进电动机在低速时的力矩接近保持转矩。由于步进电动机的输出力矩随速度的增大而不断衰减，输出功率也随速度的增大而变化，所以保持转矩就成为了衡量步进电动机最重要的参数之一。比如，人们常说的 2 N·m 步进电动机，在没有特殊说明的情况下是指保持转矩为 2 N·m 的步进电动机。

1.3.2　集成定位轴工艺对象

西门子工业自动化中的集成定位轴工艺对象主要包括 CPU 硬件、驱动装置、定位轴工艺对象、用户程序和 CPU 固件五部分，如图 1–29 所示，其中 CPU 硬件和驱动装置为硬件部分，定位轴工艺对象、用户程序和 CPU 固件为软件部分。

1. CPU 硬件

集成定位轴工艺对象通过 CPU 硬件对驱动装置进行监视和控制，CPU 硬件通常为可编程序控制器（PLC）。

2. 驱动装置

驱动装置是由动力装置和电机组成的单元，即由驱动器和电机组成，电机可以使用带有脉冲、PROFIdrive 框架或模拟接口的步进电动机和伺服电动机。

3. 定位轴工艺对象

包含机械的驱动装置在博途（TIA Portal）软件中映射为定位轴工艺对象。为

微课
旋转供料模块
步进系统介绍

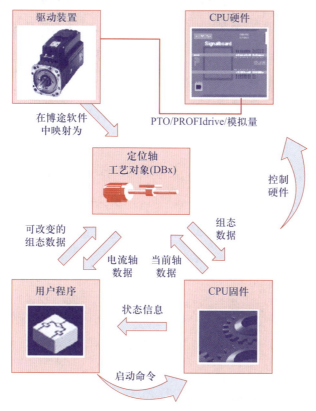

图 1-29　定位轴工艺对象软件和硬件关系图

此，使用以下参数组态定位轴工艺对象：

① 要使用的 PTO（Pulse Train Output）/PROFIdrive 驱动器／模拟量输出的选择选项和驱动器接口的组态；

② 机械参数和驱动器（机器或系统）的传动比参数；

③ 位置限制和定位监控的参数；

④ 动态和归位的参数；

⑤ 控制回路的参数。

定位轴工艺对象的组态保存在该工艺对象（数据块）中，该数据块也将作为用户程序和 CPU 固件间的接口。用户程序运行期间，当前的轴数据保存在该工艺对象的数据块中。

4. 用户程序

可以使用用户程序启动 CPU 固件中的运动控制作业，主要包括用于控制轴的

作业：启用和禁用轴；绝对定位轴；相对定位轴；以设定的速度移动轴；按运动顺序运行轴命令；在点动模式下移动轴；停止轴；参考轴；设置参考点；更改轴的动态设置；连续读取轴的运动数据；读取和写入轴变量；确认错误。

可以通过运动控制指令的输入参数和轴组态，确定指令参数，运动控制指令的输出参数将提供有关状态和所有命令错误的最新信息。启动轴命令之前，必须使用运动控制指令"MC_Power"启用轴。通过工艺对象的变量，可读取组态数据和当前的轴数据。通过用户程序，可更改工艺对象的单个可更改变量(如当前的加速度)；通过运动控制指令"MC_ChangeDynamic"可以更改轴的动态设置；通过运动控制指令"MC_WriteParam"可以写入其他组态数据；通过运动控制指令"MC_ReadParam"可以读取轴的当前运动状态。

5. CPU 固件

用户程序中启动的运动控制作业在 CPU 固件中进行处理，使用轴控制面板时，可以通过操作轴控制面板来触发运动控制作业，CPU 固件执行以下作业(具体取决于组态)：

① 计算运动作业的精确运动轨迹和紧急停止情况；

② 通过 PROFIdrive/ 模拟驱动器接口的驱动器连接位置控制；

③ 通过 PTO 控制驱动器接口的脉冲和方向信号；

④ 控制驱动器启用；

⑤ 监视驱动器，以及硬限位开关和软限位开关；

⑥ 将最新状态和错误信息反馈给用户程序中的运动控制指令；

⑦ 将当前的轴数据写入到该工艺对象的数据块中。

🛠 任务实施

微课
旋转供料模块
安装与调试

1.3.3　旋转供料模块安装与连接

旋转供料模块的安装及连接步骤如下。

操作步骤	操作说明	示意图
1	旋转供料模块的安装如右图所示	
2	电源线的一端连接到旋转供料模块的电源接口上	
3	电源线的另一端连接到通用电气接口板的DRV1接口	
4	I/O信号线的一端连接到旋转供料模块的信号线端子上	
5	I/O信号线的另一端连接到通用电气接口板的J2接口上	

1.3.4 工艺对象配置

PLC 工艺对象配置步骤如下。

操作步骤	操作说明	示意图
1	打开 PLC "工艺对象"下拉菜单，双击"新增对象"。在弹出的窗口中输入工艺对象名称"rotateaxis"，选择"TO_PositioningAxis"，然后单击"确定"按钮	
2	检查确认驱动器栏设置是否为"PTO（Pulse Train Output）"模式。单击"位置单位"下拉菜单，选择"°"，系统弹出提示窗口，单击"确定"按钮	
3	单击"硬件接口"栏中的"脉冲发生器"下拉菜单，选择"Pulse_1"。其余属性值会随脉冲发生器属性选择自动生成	
4	选中"扩展参数"下的"机械"，将"电机每转脉冲数"设置为"6400"（步进驱动器的细分设置），将"电机每转的负载位移"设置为"4.5"（换算后的减速比），"位置限制"无须设置	

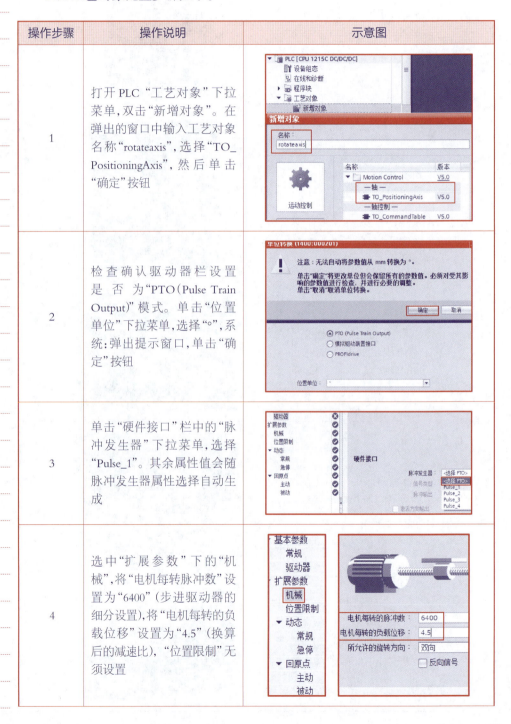

操作步骤	操作说明	示意图
5	选中"动态"下的"常规",将"速度限值的单位"设置为"°/s","最大转速"设置为"20°/s","加速时间"和"减速时间"设置为"0.5s","加速度"和"减速度"自动计算完成	
6	选中"动态"下的"急停",将"急停减速时间"设为"0.1s"	
7	选中"回原点",将"输入原点开关"设置为"旋转变位机原点(%I1.0)","逼近速度"设置为"15°/s","回原点速度"设置为"10°/s"。(最大转速 > 逼近速度 > 回原点速度 > 启动速度)。其余参数无须设置	

1.3.5 旋转供料模块的 PLC 控制

编制旋转供料模块的 PLC 控制程序,具体步骤如下。

微课
旋转供料模块
的 PLC 控制程
序设计与调试

操作步骤	操作说明	示意图
1	在 rotate 组中创建函数"rotate",使用"LAD"语言	
2	添加"MC_Power"功能块,使用默认的背景数据块名称。"MC_Power"功能块位于"指令"菜单"工艺"分组下的"Motion Control"命令组	
3	参数"Axis"设为"旋转供料"。"Enable"引脚使用比较指令,判断条件为通信接口中工业机器人发送到 PLC 的"旋转供料命令"为 1	
4	添加"MC_Home"功能块及背景数据块。参数"Axis"设为"旋转供料"。"Excute"引脚使用比较指令,判断条件为通信接口中工业机器人发送到 PLC 的"旋转供料运行命令"为 1,使用下降沿触发。参数"Mode"设置为 3	

操作步骤	操作说明	示意图
5	添加"MC_MoveRelative"功能块及背景数据块。参数"Axis"设为"旋转供料"。在 Excute 引脚使用比较指令,判断条件为"旋转供料运行指令"为 2。将"Distance"引脚的值设置为 60,即每次旋转 60°	
6	当旋转供料模块正常使能后,需要给工业机器人一个反馈信号,使能上电后"系统状态反馈 1;使能下电后"旋转供料系统状态"反馈 0	
7	当工业机器人发送的"旋转供料运行指令"为 1 时,表示请求执行旋转供料回零,此时需要"旋转供料指令执行反馈"为 1,表示 PLC 收到回零指令;当"旋转供料运行指令"为 2 时,表示请求执行旋转供料相对位移,此时需要"旋转供料指令执行反馈"为 2,表示 PLC 接收到相对位移指令	

操作步骤	操作说明	示意图
8	当"旋转供料运行指令"为0时,表示命令交互完成,"旋转供料指令执行反馈"为0,此时PLC开始执行相应命令	
9	旋转供料模块执行完回零命令后,"旋转供料指令执行反馈"为11;执行完相对位移命令后,"旋转供料指令执行反馈"为12;目的是让工业机器人知道指令执行完成	
10	PLC收到工业机器人响应信号时,PLC要将"旋转供料指令执行反馈"清0	

1.3.6 旋转供料模块的工业机器人控制

1. 旋转供料模块控制变量

旋转供料模块在自动运行中,需要建立工业机器人与PLC之间的通信,在FANUC工业机器人控制系统中,定义了4个旋转供料模块的控制变量R［49］、

R［50］、R［89］和 R［90］,如图 1-30 所示。

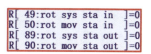

R［89］表示旋转供料控制系统命令,R［90］表示
旋转供料控制运行指令;R［49］表示旋转供料系统状态,
R［50］表示旋转供料运行指令执行情况,如表 1-5 所示。

图 1-30　旋转供料
模块的控制变量

表 1-5　旋转供料命令与状态

R［89］	R［90］	R［49］	R［50］
旋转供料控制系统命令	旋转供料控制运行指令	旋转供料系统状态反馈	旋转供料运行指令执行情况
旋转供料轴使能: 使能 =1; 下使能 =0	旋转供料运动: 寻原点 =1; 相对位移 =2; 错误复位 =100; 回零完成响应 =11; 相对位移完成响应 =12	旋转供料轴状态: 使能 =1; 无响应 =0	旋转供料运动状态: 回零命令确认 =1,回零完成 =11; 相对位移命令确认 =2, 相对位移完成 =12(单次运行 60°)

2. 旋转供料控制流程

在系统运行过程中难免会有许多未知因素导致通信错误或中断,为了保证工
业机器人能稳定地控制旋转供料模块安全运行,根据表 1-6 所示的工业机器人控
制旋转供料流程编制 PLC 程序。

表 1-6　工业机器人控制旋转供料流程表

步骤	以旋转供料模块寻原点为例
1	"旋转供料命令［系统命令］"赋值 1,旋转供料模块上使能
2	"旋转供料状态［系统状态］"轴状态反馈 1,使能完成
3	"旋转供料命令［运行指令］"赋值 1,下达回原点指令
4	"旋转供料状态［命令执行情况］"模块命令应答 1
5	"旋转供料命令［运行指令］"赋值 0,命令确认,模块回原点
6	"旋转供料状态［命令执行情况］"命令完成反馈 11,寻原点完成
7	"旋转供料命令［运行指令］"赋值 11,确认命令完成
8	"旋转供料状态［命令执行情况］"命令完成,反馈归零
9	"旋转供料命令［运行指令］"赋值 0
10	模块等待下一个命令的执行请求

拓展练习 1.3

任务 1.4　电机装配应用编程

任务提出

现有一台工业机器人电机装配工作台,主要由旋转供料模块、立体库模块、快换装置模块和电机搬运模块组成,用以完成电机部件的装配和入库功能。开始装配之前,需要手动将两个电机外壳随机放置到旋转供料模块上,将两个电机转子和两个电机端盖放置到电机搬运模块指定位置,四个装配完成的电机部件随机放置到立体库模块上。进行 PLC 组态和编程,建立 PLC 和工业机器人通信,实现立体库模块电机部件信息检测、电机外壳的旋转供料,完成两套电机部件的装配,并将装配完成的电机成品放置到立体库模块中两个空缺的仓位(已手动放置四套电机成品),具体需实现装配步骤如下:

1. PLC 组态和通信编程;

2. 旋转供料模块电机上料;

3. 工业机器人自动抓取平口手爪工具;

4. 工业机器人抓取电机转子并装配到电机外壳中;

5. 工业机器人抓取电机端盖并装配到电机转子上;

6. 工业机器人抓取电机部件成品,搬运至立体库模块中空余位置;

7. 循环步骤 2~6 完成第二套电机部件的装配和入库。

工业机器人电机装配项目主要完成电机转子、电机端盖和电机外壳三个电机部件的正确安装,并将电机成品成功入库。电机装配工作站三种电机部件及装配好的电机成品如图 1-31 所示。

(a)电机端盖　　　(b)电机转子　　　(c)电机外壳　　　(d)电机成品

图 1-31　电机装配部件

🤖 知识准备

1.4.1 电机装配程序流程

根据任务要求，工业机器人电机装配流程如图 1-32 所示。

1.4.2 电机装配 I/O 信号表

工业机器人电机装配 I/O（输入 / 输出）信号如表 1-7 所示。

图 1-32 工业机器人电机装配流程图

表 1-7 工业机器人电机装配 I/O 信号表

输入信号	功能说明	输出信号	功能说明
DI9	快换工具有无检测	DO101	主盘钢珠缩回
DI10	快换工具有无检测	DO102	主盘钢珠伸出
RI1	副盘手爪闭合到位	DO103	副盘手爪打开
RI2	副盘手爪打开到位	DO104	副盘手爪关闭
DI7	旋转供料检查开关 1	DO105	吸盘工具开闭
DI8	旋转供料检查开关 2		

微课
电机装配程序
流程

微课
电机装配 I/O
信号表

1.4.3 工业机器人函数

函数是指一段可以直接被另一段程序引用的程序，也称为子程序。

程序一般由若干小程序构成，每一个子程序用来实现一个特定的功能。所有的高级语言中都有子程序这个概念，用子程序实现一定的功能。主函数可以调用其他函数，其他函数也可以互相调用。同一个函数可以被一个或多个函数调用任意多次。

在 FANUC 工业机器人编程语言中，子程序又分为普通程序（TP）和宏程序，它们的相同点是为了实现某一个特定的功能，可以带参数；不同的是，宏程序可以通过自定义按键一键运行，普通程序只能通过程序指针执行。

在程序设计中,常将一些常用的功能编写成函数,放在函数库中供全局调用。要善于利用函数,以减少重复编制程序的工作量。

1.4.4 工业机器人参数

1. 参数的使用方法

通过使用"参数"和"参数寄存器",即可在两个程序间进行数据的交换。

在 FANUC 工业机器人程序中,普通程序和宏程序均支持使用参数,而且使用参数无须在创建程序时定义参数名和参数类型,可以在调用程序时直接添加参数,参数值会自动存储在参数寄存器中。如图1-33所示,通过程序"MAIN"为子程序"MAKE_1"设定两个参数并进行呼叫。在"MAKE_1"中,可以通过参数寄存器使用这些值。

参数与参数寄存器的对应关系如图1-34所示。

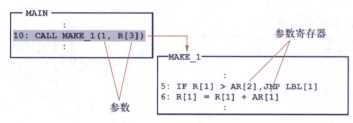

图1-33 参数使用示例

图1-34 参数与参数寄存器的对应关系

2. 参数的类型

可以使用的参数类型如表1-8所示。

表1-8 参 数 类 型

参数类型	示例
常数	1,3.4,8,12
字符串	"Perch"
参数寄存器	AR [1],AR [3]
寄存器	R [2],R [5]

3. 参数的限制

使用参数时受到如下限制:

① 最多可以设定30个;

② 字符串类型参数的字符数最多为34个字符;

③ 指数的指定不能进一步间接指定,例如:

　✓ R［AR［1］］

　✗ R［R［AR［1］］］

④ 存储在参数寄存器的值不能在程序中进行赋值。

4. 参数使用注意事项

① 确认主程序中给定的参数个数和子程序中使用的参数个数;

② 在主程序中给定的参数没有使用于子程序的情况下,不会发生错误;

③ 确认主程序中给定的参数类型与子程序中使用该参数的指令种类是否合适;

④ 确认给定的参数的指数或值是否正确设定。

任务实施

1.4.5　创建宏程序

本任务中会使用到宏程序,宏程序可以是有参数的,也可以是无参数的。在编写程序前先掌握宏程序的创建方法。宏程序的编程方法和普通程序相同。

① 按下示教盒上的"SELECT"键,进入程序界面,如图1-35所示。

② 单击"类型"按钮,在弹出的列表中选择"宏",如图1-36所示。

③ 单击"创建"按钮,可以定义宏程序名称。输入程序名称后,按下两次示教盒上的"ENTER"键确定,如图1-37所示。

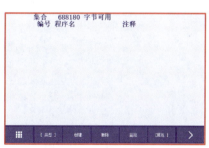

图1-35　程序界面

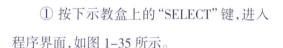

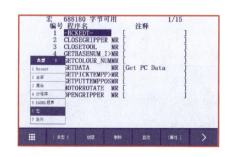

图1-36　宏程序界面

图1-37　定义宏程序名称

1.4.6 快换装置模块安装与连接

快换装置模块有四个工具存放位置,同时具有四个检测有无工具的光电传感器,这些光电传感器信号连接到工业机器人的数字输入信号。根据项目设备布局要求,快换装置模块的安装和接线步骤如下。

操作步骤	操作说明	示意图
1	快换装置模块的安装位置如右图所示	
2	I/O 信号线的一端连接到快换装置模块的信号线端子上	
3	I/O 信号线的另一端连接到通用电气接口板的 J3 接口上	

1.4.7 工业机器人电机装配编程

工业机器人电机装配编程关键位置变量定义及说明如表 1–9 所示,带参数程序说明如表 1–10 所示。工业机器人电机装配程序如表 1–11 所示。

表 1-9 关键位置变量定义及说明

序号	变量名	类型	说明
1	PR［11］~PR［16］	正交	仓库抓取点 1~6
2	PR［10］	正交	旋转供料模块电机抓取点
3	PR［17］	正交	物料暂存模块取料点
4	PR［18］	正交	物料暂存模块放料点
5	PR［21］	正交	电机端盖抓取点 1
6	PR［22］	正交	电机端盖抓取点 2
7	PR［27］	正交	电机转子抓取点 1
8	PR［28］	正交	电机转子抓取点 2
9	PR［33］	正交	电机外壳抓取点 1
10	PR［34］	正交	电机外壳抓取点 2
11	PR［39］	正交	装配点 1
12	PR［40］	正交	装配点 2

微课
工业机器人电
机装配编程

表 1-10 带参数程序说明

序号	程序名	参数	参数类型	说明
1	PICKWORK	AR［1］	Int	传入工件位置寄存器编号,夹取指定工件
2	PUTWORK	AR［1］	Int	传入工件位置寄存器编号,将工件放入指定位置
3	PICKPUTMOTOR	AR［1］	Int	传入电机部件位置寄存器编号,取放指定仓位电机部件
		AR［2］	Int	1:取电机部件,0:放电机部件
4	GETPUTBASENUM	–	–	获取下一个存放工件的位置寄存器编号,赋值给 R［108］

表 1-11 工业机器人电机装配程序

程序行号	程序	程序说明
1	MAIN	主程序开始
2	1:J PR[4:Home] 30% FINE;	工业机器人回原点
3	2:CALL PICKTOOL (1);	抓取平口手爪工具
4	3:CALL ROTATERESET;	旋转供料复位
5	4:CALL MOTORASSEMBLY1;	电机装配 1
6	5:CALL MOTORASSEMBLY2;	电机装配 2
7	6:CALL PUTTOOL (1);	放平口手爪工具
8	7:J PR[4:Home] 30% FINE;	工业机器人回原点
9	[END]	主程序结尾
10	ROTATERESET	旋转供料复位程序
11	1:R[89:rot sys sta out]=0;	通信初始化

程序 行号	程序	程序说明
12	2:R[90:rot mov sta out]=0;	
13	3:WAIT .50 (sec);	
14	4:R[89:rot sys sta out]=1;	使能
15	5:WAIT R[49:rot sys sta in]=1;	使能完成
16	6:R[90:rot mov sta out]=1;	回零
17	7:WAIT R[50:rot mov sta in]=1;	指令确认
18	8:R[90:rot mov sta out]=0;	回零开始
19	9:WAIT R[50:rot mov sta in]=11;	回零完成
20	10:R[90:rot mov sta out]=11;	回零完成响应
21	11:WAIT R[50:rot mov sta in]=0;	回零完成清除
22	12:R[90:rot mov sta out]=0;	回零完成响应清除
23	[END]	旋转供料复位程序结束
24	MOTORROTATE	旋转供料检测程序
25	1:LBL[1];	标签
26	2:WAIT .50 (sec);	等待0.5s
27	3:R[90:rot mov sta out]=2;	相对位移
28	4:WAIT R[50:rot mov sta in]=2;	指令确认
29	5:R[90:rot mov sta out]=0;	旋转开始
30	6:WAIT R[50:rot mov sta in]=12;	旋转完成
31	7:R[90:rot mov sta out]=12;	旋转完成响应
32	8:WAIT R[50:rot mov sta in]=0;	旋转完成清除
33	9:R[90:rot mov sta out]=0;	旋转完成响应清除
34	10:WAIT .50 (sec);	等待0.5 s
35	11:IF DI[7]<>ON,JMP LBL[1];	无工件则跳转到LBL[1]
36	[END]	旋转供料检测程序结束
37	MOTORASSEMBLY1	电机装配程序1
38	1:J PR[4:Home] 100% CNT100;	工业机器人回原点
39	2:CALL MOTORROTATE;	将有工件的仓位旋转到抓取点
40	3:CALL PICKWORK (10);	旋转供料模块取电机外壳
41	4:J PR[4:Home] 100% CNT100;	工业机器人回原点
42	5:CALL PUTWORK (33);	将电机放置于电机搬运模块
43	6:CALL PICKWORK (27);	取电机转子
44	7:CALL PUTWORK (39);	电机转子装配
45	8:CALL PICKWORK (21);	取电机端盖
46	9:CALL PUTWORK (39);	电机端盖装配
47	10:CALL PICKWORK (33);	电机搬运模块取电机成品
48	11:J PR[4:Home] 100% CNT100;	工业机器人回原点
49	12:CALL PUTWORK (18);	物料暂存模块放电机成品

程序行号	程序	程序说明
50	13:J PR[4:Home] 100% CNT100;	工业机器人回原点
51	14:CALL PICKPUTMOTOR (17,1);	更换姿态,物料暂存模块取电机成品
52	15:CALL GETPUTBASENUM;	获取下一个空仓位号
53	16:CALL	将电机成品放入立体库模块
54	PICKPUTMOTOR (R[108:PutPosNum],0);	
55	[END]	电机装配程序 1 结束
56	MOTORASSEMBLY2	电机装配程序 2
57	1:J PR[4:Home] 100% CNT100;	工业机器人回原点
58	2:CALL MOTORROTATE;	将有工件的仓位旋转到抓取点
59	3:CALL PICKWORK (10);	旋转供料模块取电机外壳
60	4:J PR[4:Home] 100% CNT100;	工业机器人回原点
61	5:CALL PUTWORK (34);	将电机放置于电机搬运模块
62	6:CALL PICKWORK (28);	取电机转子
63	7:CALL PUTWORK (40);	电机转子装配
64	8:CALL PICKWORK (22);	取电机端盖
65	9:CALL PUTWORK (40);	电机端盖装配
66	10:CALL PICKWORK (34);	电机搬运模块取电机成品
67	11:J PR[4:Home] 100% CNT100;	工业机器人回原点
68	12:CALL PUTWORK (18);	物料暂存模块放电机成品
69	13:J PR[4:Home] 100% CNT100;	工业机器人回原点
70	14:CALL PICKPUTMOTOR (17,1);	更换姿态,物料暂存模块取电机成品
71	15:CALL GETPUTBASENUM;	或取下一个空仓位号
72	16:CALL	将电机成品放入立体库模块
73	PICKPUTMOTOR (R[108:PutPosNum],0);	
74	[END]	电机装配程序 2 结束
75	PICKWORK	取工件程序
76	1:OFFSET CONDITION PR[52:Z50];	定义偏移值
77	2:CALL OPENGRIPPER;	打开手爪
78	3:J PR[AR[1]] 30% CNT10 Offset;	移动至抓取点上方 50mm 处
78	4:L PR[AR[1]] 200mm/sec FINE;	移动至抓取点
79	5:CALL CLOSEGRIPPER;	手爪夹紧
80	6:L PR[AR[1]] 300mm/sec CNT10 Offset;	移动至抓取点上方 50mm 处
81	[END]	取工件程序结束
82	PUTWORK	放工件程序
83	1:OFFSET CONDITION PR[52:Z50];	定义偏移值
84	2:J PR[AR[1]] 30% CNT10 Offset;	移动至抓取点上方 50mm 处

程序行号	程序	程序说明
85	3:L PR[AR[1]] 200mm/sec FINE;	移动至抓取点
86	4:CALL OPENGRIPPER;	手爪打开
87	5:L PR[AR[1]] 300mm/sec CNT10 Offset;	移动至抓取点上方50mm处
88	[END]	放工件程序结束
89	PICKPUTMOTOR	调用取放电机程序
90	1:J PR[7:Base Transit] 100% CNT100;	移动至立体库模块过渡点
91	2:IF (AR[1]<>17) THEN;	判断物料暂存模块是否有工件
92	3:L PR[AR[1]] 300mm/sec CNT50	移动至立体库模块外进入点
93	Offset,PR[51:Z50Y100];	
94	4:L PR[AR[1]] 200mm/sec CNT10	移动至工件上方50mm处
95	Offset,PR[52:Z50];	
96	5:ELSE;	
97	6:L PR[17:TSPickPos] 300mm/sec CNT50	移动至工件上方150mm处
98	Offset,PR[50:z150];	
99	7:ENDIF;	
100	8:L PR[AR[1]] 200mm/sec FINE;	移动至抓取点
101	9:IF (AR[2]=1),CALL CLOSEGRIPPER;	参数AR［2］为1时,夹紧工件
102	10:IF (AR[2]=0),CALL OPENGRIPPER;	参数AR［2］为0时,松开工件
103	11:IF (AR[1]<>17) THEN;	判断物料暂存模块是否有工件
104	12:L PR[AR[1]] 300mm/sec CNT10	移动至工件上方50mm处
105	Offset,PR[52:Z50];	
106	13:L PR[AR[1]] 300mm/sec CNT50	移动至仓库外进入点
107	Offset,PR[51:Z50Y100];	
108	14:ELSE;	
109	15:L PR[17:TSPickPos] 300mm/sec CNT50	移动至工件上方150mm处
110	Offset,PR[50:z150];	
111	16:ENDIF;	
112	17:J PR[7:BaseTransit] 100% CNT100;	移动至仓库过渡点
113	[END]	程序结束

拓展练习1.4

项 目 拓 展

1. 在工业机器人装配应用平台上,手动将平口手爪工具安装到工业机器人上,将6个电机外壳放置到电机搬运模块上,如图1-38所示。请进行PLC组态和编程,建立PLC和工业机器人通信,实现立体库模块电机部件信息检测,电机外壳

的旋转供料,完成6套电机部件的装配,并将装配完成的电机成品放置到立体库模块中,具体装配步骤如下:

(1) PLC组态和通信编程;

(2) 工业机器人抓取电机外壳并搬运到旋转供料模块工件上下料位置,如图1-39所示;

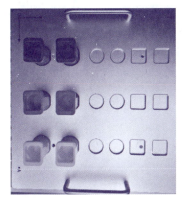
图1-38　电机搬运模块电机外壳放置图

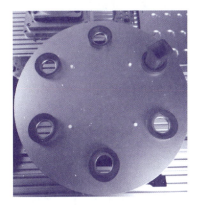
图1-39　旋转供料模块上下料置位图

(3) 旋转供料模块逆时针旋转180°后延时5s,模拟电机装配工序;

(4) 模拟装配完成后旋转供料模块顺时针旋转180°,返回工件上下料位置;

(5) 工业机器人抓取装配完成的电机成品;

(6) 工业机器人将电机成品搬运至立体库模块空余仓位;

(7) 循环步骤(2)~(6)完成6套电机部件的装配和入库。

2. 在工业机器人装配应用平台上,手动将平口手爪工具安装到工业机器人上,将6个电机外壳随机放置到立体库模块和旋转供料模块中,如立体库模块放4个、旋转供料模块放2个,如立体库模块放3个、旋转供料模块放3个,如立体库模块放2个、旋转供料模块放4个(如图1-40和图1-41所示)。请进行PLC组态和编程,建立PLC和工业机器人通信,完成立体库模块电机部件信息检测,完成旋转供料模块中电机外壳的检测和供料,将立体库模块中的工件搬运至旋转供料模块中,将旋转供料模块中的工件搬运至立体库模块空余仓位,实现立体库模块和旋转供料模块中工件进行互换。

图 1-40　立体库模块电机外
壳放置示意图

图 1-41　旋转供料模块电机外
壳放置示意图

项目二　工业机器人产品追溯应用编程

 证书技能要求

工业机器人应用编程证书技能要求（中级）	
1.3.2	能够根据操作手册设定焊接、打磨、雕刻等工业机器人系统的外部设备参数
2.1.1	能够根据工作任务要求，利用扩展的数字量 I/O 信号对供料、输送等典型单元进行工业机器人应用编程
2.3.1	能够根据工作任务要求，编制工业机器人与 PLC 等外部控制系统的应用程序
2.3.3	能够根据产品定制及追溯要求，编制 RFID 应用程序
2.3.4	能够根据工作任务要求，编制基于工业机器人的智能仓储应用程序
2.3.5	能够根据工作任务要求，编制工业机器人单元人机界面程序

 项目引入

　　随着对假冒伪劣产品打击力度的加大，消费者对产品溯源的诉求越来越高。企业为了满足消费者需求，做好产品追溯系统也至关重要。因此，产品追溯已成为工业生产过程中的一个重要环节。通过建立产品追溯系统，可以帮助制造业更高效、准确地实现产品供应环节、生产环节、流通环节、销售环节和服务环节等全过程的追溯。

　　一个完善的产品追溯系统，从企业产品生产或包装源头开始，为企业生产的每一件产品都赋予唯一的数字身份码，并在产品生产和流通的各主要环节采集、加载相关的生产、物流信息，从而建立起一个围绕企业产品的防伪、防窜的数字身份管理体系，并配合各种产品数字身份查询途径的应用，方便消费者、企业和市场的监管。

　　本项目以工业机器人 RFID 应用为基础，通过设计工业机器人与 PLC 的信息交互功能，实现由工业机器人对多个工件进行 RFID 数据读写，完成电机多工序装配，同时可在 HMI（人机界面）显示追溯电机装配

信息,实现对多工序产品追溯功能。根据工业机器人产品追溯应用编程项目要求,本项目一共设置了4个任务:

1. RFID 模块安装调试;

2. 工业机器人与 RFID 信息交互;

3. 工业机器人对变位机的应用编程;

4. 基于 RFID 的电机装配追溯。

知识目标

1. 了解 RFID 技术;

2. 了解 SIMATIC RF300 系统组成;

3. 了解 Modbus 通信协议;

4. 了解多摩川伺服驱动器;

5. 了解产品追溯概念;

6. 掌握 RFID 模块功能调试;

7. 掌握工业机器人 RFID 控制变量;

8. 掌握 RFID 与 PLC 接口设计;

9. 掌握 Modbus RTU 通信指令。

能力目标

1. 能够正确安装和调试 RFID 模块;

2. 能够正确编制 PLC 测试程序实现 RFID 芯片的读写功能;

3. 能够正确编制 HMI 测试程序实现 RFID 芯片数据监控功能;

4. 能够设计接口程序实现 RFID 模块与工业机器人的信息交互;

5. 能够编制程序实现工业机器人与 PLC 的信息交互;

6. 能够实现对电机外壳、转子的 RFID 芯片进行数据写入、读取功能;

7. 能够实现 PLC 与伺服驱动器通信;

8. 能够实现工业机器人对变位机控制;

9. 能够对 RFID 模块进行系统调试，实现对装配工件进行多次数据写入，并在 HMI 显示装配时间及对应状态等产品追溯功能。

 学习导图

平台准备

实训平台	FANUC工业机器人	快换装置模块	平口手爪工具
立体库模块	电机搬运模块	RFID模块	装配模块
变位机模块	电机外壳	电机转子	电机端盖

快换装置模块

立体库模块

电机搬运模块

变位机模块

装配模块

RFID模块

任务 2.1　RFID 模块安装测试

任务提出

本任务通过学习 RFID 技术基本知识,掌握 SIMATIC RF300 RFID 系统组成和连接,完成 RFID 系统组态,利用 PLC 实现 RFID 数据的复位和读写程序的编写及测试。本任务主要内容包括:

1. 安装 RFID 模块;

2. 组态 RFID 模块;

3. PLC 与 RFID 通信编程与测试。

知识准备

2.1.1　RFID 技术概述

无线射频识别(Radio Frequency Identification,RFID)即射频识别技术,是自动识别技术的一种,通过无线射频方式进行非接触双向数据通信,利用无线射频方式对记录媒体(或射频卡)进行读写,从而达到识别目标和数据交换的目的。

射频识别是由 20 世纪 50 年代的雷达技术衍生出的一种无线通信技术。它通过无线电信号来识别特定的目标,并且读取写入相关数据,可以与识别目标进行数据交换。RFID 技术和人们的生活息息相关,常用的身份证和校园卡就使用了 RFID 身份识别,如图 2-1 所示。

RFID 系统主要由读写器和标签(应答器)组成,如图 2-2 和图 2-3 所示,读写器实现对标签的数据读写和存储,由控制单元、高频通信模块和天线组成;标签主要由一块集成电路芯片及外接天线组成,其中集成电路芯片通常包含射频前端、逻

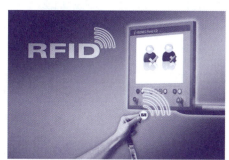

图 2-1　RFID 身份识别

教学课件
任务 2.1

微课
RFID 模块安装测试

微课
RFID 技术概述

芯片

基板

天线线圈

图 2-2　RFID 读写器　　　图 2-3　RFID 标签

辑控制、存储器等电路。标签按照供电原理可分为有源标签、半有源标签和无源标签。无源标签因为成本低、体积小而备受青睐。

　　RFID 技术的工作原理：当标签进入读写器发射射频场后，天线获得感应电流，经升压电路后作为芯片的电源，同时将带信息的感应电流通过射频前端电路变为数字信号送入逻辑控制电路进行处理，而需要回复的信息则从存储器发出，经逻辑控制电路送回射频前端电路，最后通过天线发回读写器。

　　从 RFID 技术原理上看，RFID 标签性能的关键在于 RFID 标签天线的特点和性能。在标签与读写器数据通信过程中起关键作用是天线，一方面标签的芯片启动电路开始工作，需要通过天线在读写器产生的电磁场中获得足够的能量；另一方面天线决定了标签与读写器之间的通信信道和通信方式。因此，天线尤其是标签内部天线的研究成为 RFID 技术的重点。

2.1.2　SIMATIC RF300 RFID 系统

　　新一代 SIMATIC RF300 RFID 系统的一个显著特征是系统调试和故障诊断非常容易。基于"M12"的连接头设计理念，插头连接与其他自动化组件完全兼容。而且，也可以将 RFID 系统集成到通信网络中，比如 PROFIBUS/PROFINET、TCP/IP 以及 EtherNet/IP 和 PC 系统环境中。大量的通信模块和功能块以及驱动程序和库文件，使得系统的集成更快速、更容易。SIMATIC RF300 RFID 系统是全集成自动化解决方案的一部分，因此可以非常简单、高效地集成到 SIMATIC 系统中。

　　SIMATIC RF340R 系统由安装应用系统的 PC、PLC、RF120C 模块、读写器和

RFID 标签组成。读写器发出电子信号,RFID 标签接收到信号后发射内部存储的标识信息,读写器再接收并识别标签发回的信息,最后读写器再将识别结果发送给应用系统,SIMATIC RF340R 系统连接如图 2-4 所示。

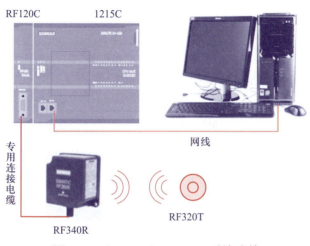

图 2-4 SIMATIC RF340R 系统连接

2.1.3 SIMATIC Ident 指令

SIMATIC Ident 指令包括复位(Reset_RF300)指令、读(Read)指令和写(Write)指令。

1. Reset_RF300 指令

Reset_RF300(复位)指令主要用于 RFID 标签(应答器)的复位,如图 2-5 所示。Reset_RF300 指令常用引脚说明如表 2-1 所示。

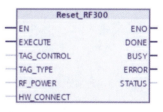

图 2-5 Reset_RF300 指令

表 2-1 Reset_RF300 指令常用引脚说明

序号	引脚	说明
1	EXECUTE	启动复位指令,上升沿触发
2	TAG_CONTROL	存在性检查:0- 关;1- 开
3	TAG_TYPE	发送标签类型
4	RF_POWER	仅适用于 RF380R
5	HW_CONNECT	RFID 连接变量
6	DONE	复位完成
7	BUSY	复位进行中
8	ERROR	复位出错

2. Read 指令

Read（读）指令主要用于 PLC 读取 RFID 标签中的数据，如图 2-6 所示。Read 指令常用引脚说明如表 2-2 所示。

表 2-2　Read 指令常用引脚说明

序号	引脚	说明
1	EXECUTE	启动 Read 指令，上升沿触发
2	ADDR_TAG	启动读取的发送标签所在的物理地址
3	LEN_DATA	待读取的数据长度
4	LEN_ID	EPC-ID/UID 的长度
5	EPCID_UID	用于最多 62 字节 EPC-ID、8 字节 UID 或 4 字节处理 ID 的缓冲区
6	HW_CONNECT	RFID 连接变量
7	IDENT_DATA	存储读取数据的数据缓冲区
8	DONE	数据读取完成
9	BUSY	数据读取进行中
10	ERROR	数据读取出错
11	PRESENCE	RFID 标签检测：0- 无芯片；1- 有芯片

3. Write 指令

Write（写）指令主要用于 PLC 向 RFID 标签写入数据，如图 2-7 所示。Write 指令常用引脚同 Read 指令的引脚一致。

图 2-6　Read 指令　　　图 2-7　Write 指令

🚚 任务实施

2.1.4　安装 RFID 模块

在工业机器人应用编程实训平台的专用电气接口板上，RFID 信号连接线有专门的硬件接线端口，其端口名称为"RFID"，将 RFID 信号连接线的一端插入端口即可，另一端连接到 RFID 模块，如图 2-8 所示。

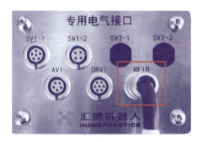 

(a) 电气接口板　　　　　　　　　　(b) RFID 模块

图 2-8　RFID 模块连接安装

接着将 RFID 模块放置到实训平台面向工业机器人正前方一侧位置，在 RFID 模块底板有定位销，实训平台也有相应定位孔，便于用户安装和拆卸模块，如图 2-9 所示。

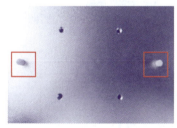 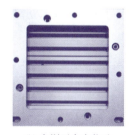 

(a) RFID模块底板定位销　　(b) 实训平台定位孔　　(c) RFID模块安装位置

图 2-9　RFID 模块安装

2.1.5　组态 RFID 模块

在工业机器人应用编程实训平台中，RFID 模块相关组态设备清单如表 2-3 所示。

表 2-3　组态设备清单

序号	产品名称	订货号	版本号	IP 地址分配
1	SIMATIC S7-1200	6ES7 215-1AG40-0XB0	V4.2	192.168.101.13
2	TP700 精智面板	6AV2 124-0GC01-0AX0	15.0	192.168.101.14
3	RF120C	6GT2002-0LA00	1.0	无

基于上述组态设备清单,系统设备组态的具体操作步骤如下:

操作步骤	操作说明	示意图
1	打开 PLC 编程软件,完成 PLC 与 HMI(TP700 精智面板)的组态	
2	在"硬件目录"中依次选择"通信模块"→"标识系统"→"RF120C"→"6GT2002-0LA00"	
3	将 RF120C 控制模块添加到 PLC 设备左侧的槽位中	
4	双击 RF120C 控制模块,进入该模块的属性界面中,将"阅读器"栏中的"Ident 设备/系统"修改为"通过 FB/光学阅读器获取的参数"	
5	将"I/O 地址"栏中的"输入地址"和"输出地址"的"起始地址"设为10.0,"结束地址"设为 11.7	

2.1.6 PLC 与 RFID 模块通信编程与测试

通过 PLC 程序控制,实现 RFID 模块功能的复位和数据读写,并通过 PLC 的监控模式,对变量进行强制复位、读取、写入,测试 PLC 对 RFID 模块的数据读写。

微课
PLC 与 RFID
模块通信编程与测试

1. PLC 与 RFID 模块通信编程

PLC 控制 RFID 模块的程序编写步骤如下。

操作步骤	操作说明	示意图
1	创建 DB 数据块"DATA",并在数据块中新建 RFID 读写数据变量"Read"和"Write",数据类型为"Array [0..83] of Byte"。RFID 模块最大容量为 112Byte,本项目只需 84Byte	DATA 名称　数据类型　偏移量 ▼ Static ▶ Write　Array[0..83] of Byte　0.0 ▶ Read　Array[0..83] of Byte　84.0
2	创建 FB 函数块"RFID_MAIN",语言为 LAD。在 RFID_MAIN 函数的背景数据块中新建 RFID 连接变量"RFID_HW_CONNECT",数据类型为"IID_HW_CONNECT",其中,"HW_ID"为硬件标识符,"LADDR"为输入/输出起始地址,参数如右图所示	▼ RFID_HW_CONNECT　IID_HW_CONNECT HW_ID　Word　269 CM_CHANNEL　Int　1 LADDR　DWord　10
3	上述"IID_HW_CONNECT"中的"HW_ID"参数,是基于 RFID 模块组态中的"系统常数"来进行设定的	RF120C_1 [RF120C] 常规　IO 变量　系统常数　文本 名称　类型　硬件标识符 Local~RF120C_1　Hw_SubModule　269
4	在"RFID_MAIN"背景数据块中新建复位、读取、写入功能块的状态变量	Reset_DONE　Bool　false Reset_BUSY　Bool　false Reset_ERROR　Bool　false Write_DONE　Bool　false Write_BUSY　Bool　false Write_ERROR　Bool　false Read_DONE　Bool　false Read_BUSY　Bool　false Read_ERROR　Bool　false 芯片检测　Bool　false
5	在"RFID_MAIN"背景数据块中新建变量"RFID_Reset""RFID_Write"和"RFID_Read",分别实现手动控制 RFID 复位、数据写入、数据读取	RFID_Reset　Bool　false RFID_Write　Bool　false RFID_Read　Bool　false

操作步骤	操作说明	示意图
6	调用 Reset_RF 指令,编写 RFID 标签复位程序,实现 PLC 控制 RFID 标签复位	程序段 2: RFID复位
7	调用 Write 指令,编写 RFID 数据写入程序,实现 PLC 对 RFID 标签写入数据	程序段 3: RFID写入
8	调用 Read 指令,编写 RFID 数据读取程序,实现 PLC 读取 RFID 标签中的数据	程序段 4: RFID读取

2. PLC 对 RFID 模块数据读写测试

PLC 对 RFID 模块数据读写测试的操作步骤如下。

操作步骤	操作说明	示意图
1	手动将一个电机外壳放置于 RFID 读写器上方,用于测试 PLC 对 RFID 数据读写	
2	将程序下载到 PLC 中,打开 DATA 数据块,切换到监控模式,将"Write [5]"的监视值改为"16#03"	

操作步骤	操作说明	示意图
3	打开 RFID_MAIN_DB 数据块,切换到监控模式,将"RFID_Reset"的监视值改为"TRUE",待"Reset_DONE"为"TRUE"后,再将"RFID_Reset"的监视值改为"FALSE",实现 PLC 对 RFID 标签的复位	<table><tr><td>Reset_DONE</td><td>Bool</td><td>false</td><td>TRUE</td></tr><tr><td>Reset_BUSY</td><td>Bool</td><td>false</td><td>FALSE</td></tr><tr><td>Reset_ERROR</td><td>Bool</td><td>false</td><td>FALSE</td></tr><tr><td>Write_DONE</td><td>Bool</td><td>false</td><td>FALSE</td></tr><tr><td>Write_BUSY</td><td>Bool</td><td>false</td><td>FALSE</td></tr><tr><td>Write_ERROR</td><td>Bool</td><td>false</td><td>FALSE</td></tr><tr><td>Read_DONE</td><td>Bool</td><td>false</td><td>FALSE</td></tr><tr><td>Read_BUSY</td><td>Bool</td><td>false</td><td>FALSE</td></tr><tr><td>Read_ERROR</td><td>Bool</td><td>false</td><td>FALSE</td></tr><tr><td>芯片检测</td><td>Bool</td><td>false</td><td>TRUE</td></tr><tr><td>RFID_Reset</td><td>Bool</td><td>false</td><td>TRUE</td></tr><tr><td>RFID_Write</td><td>Bool</td><td>false</td><td>FALSE</td></tr><tr><td>RFID_Read</td><td>Bool</td><td>false</td><td>FALSE</td></tr><tr><td>RFID_HW_CONNECT</td><td>IID_HW_C...</td><td></td><td></td></tr></table>
4	RFID 复位完成后,将"RFID_Write"的监视值改为"TRUE",待"Write_DONE"为"TRUE"后,再将"RFID_Write"的监视值改为"FALSE",实现 PLC 对 RFID 的数据写入	<table><tr><td>Reset_DONE</td><td>Bool</td><td>false</td><td>FALSE</td></tr><tr><td>Reset_BUSY</td><td>Bool</td><td>false</td><td>FALSE</td></tr><tr><td>Reset_ERROR</td><td>Bool</td><td>false</td><td>FALSE</td></tr><tr><td>Write_DONE</td><td>Bool</td><td>false</td><td>TRUE</td></tr><tr><td>Write_BUSY</td><td>Bool</td><td>false</td><td>FALSE</td></tr><tr><td>Write_ERROR</td><td>Bool</td><td>false</td><td>FALSE</td></tr><tr><td>Read_DONE</td><td>Bool</td><td>false</td><td>FALSE</td></tr><tr><td>Read_BUSY</td><td>Bool</td><td>false</td><td>FALSE</td></tr><tr><td>Read_ERROR</td><td>Bool</td><td>false</td><td>FALSE</td></tr><tr><td>芯片检测</td><td>Bool</td><td>false</td><td>TRUE</td></tr><tr><td>RFID_Reset</td><td>Bool</td><td>false</td><td>FALSE</td></tr><tr><td>RFID_Write</td><td>Bool</td><td>false</td><td>TRUE</td></tr><tr><td>RFID_Read</td><td>Bool</td><td>false</td><td>FALSE</td></tr><tr><td>RFID_HW_CONNECT</td><td>IID_HW_C...</td><td></td><td></td></tr></table>
5	RFID 数据写入完成后,将"RFID_Read"的监视值改为"TRUE",待"Read_DONE"为"TRUE"后,再将"RFID_Read"的监视值改为"FALSE",实现 PLC 对 RFID 的数据读取	<table><tr><td>Reset_DONE</td><td>Bool</td><td>false</td><td>FALSE</td></tr><tr><td>Reset_BUSY</td><td>Bool</td><td>false</td><td>FALSE</td></tr><tr><td>Reset_ERROR</td><td>Bool</td><td>false</td><td>FALSE</td></tr><tr><td>Write_DONE</td><td>Bool</td><td>false</td><td>FALSE</td></tr><tr><td>Write_BUSY</td><td>Bool</td><td>false</td><td>FALSE</td></tr><tr><td>Write_ERROR</td><td>Bool</td><td>false</td><td>FALSE</td></tr><tr><td>Read_DONE</td><td>Bool</td><td>false</td><td>TRUE</td></tr><tr><td>Read_BUSY</td><td>Bool</td><td>false</td><td>FALSE</td></tr><tr><td>Read_ERROR</td><td>Bool</td><td>false</td><td>FALSE</td></tr><tr><td>芯片检测</td><td>Bool</td><td>false</td><td>TRUE</td></tr><tr><td>RFID_Reset</td><td>Bool</td><td>false</td><td>FALSE</td></tr><tr><td>RFID_Write</td><td>Bool</td><td>false</td><td>FALSE</td></tr><tr><td>RFID_Read</td><td>Bool</td><td>false</td><td>TRUE</td></tr><tr><td>RFID_HW_CONNECT</td><td>IID_HW_C...</td><td></td><td></td></tr></table>
6	RFID 数据读取完成后,打开 DATA 数据块,验证"Read[5]"的值是否为"16#03",若是,则代表 PLC 成功向 RFID 写入数据,并读取 RFID 中写入的数据	<table><tr><td>Read</td><td>Array...</td><td>84.0</td><td></td></tr><tr><td>Read[0]</td><td>Byte</td><td>84.0</td><td>16#0</td><td>16#00</td></tr><tr><td>Read[1]</td><td>Byte</td><td>85.0</td><td>16#0</td><td>16#00</td></tr><tr><td>Read[2]</td><td>Byte</td><td>86.0</td><td>16#0</td><td>16#00</td></tr><tr><td>Read[3]</td><td>Byte</td><td>87.0</td><td>16#0</td><td>16#00</td></tr><tr><td>Read[4]</td><td>Byte</td><td>88.0</td><td>16#0</td><td>16#00</td></tr><tr><td>Read[5]</td><td>Byte</td><td>89.0</td><td>16#0</td><td>16#03</td></tr><tr><td>Read[6]</td><td>Byte</td><td>90.0</td><td>16#0</td><td>16#00</td></tr><tr><td>Read[7]</td><td>Byte</td><td>91.0</td><td>16#0</td><td>16#00</td></tr><tr><td>Read[8]</td><td>Byte</td><td>92.0</td><td>16#0</td><td>16#00</td></tr><tr><td>Read[9]</td><td>Byte</td><td>93.0</td><td>16#0</td><td>16#00</td></tr></table>

拓展练习 2.1

任务 2.2　工业机器人与 RFID 信息交互

教学课件
任务 2.2

微课
工业机器人与
RFID 信息交互

任务提出

本任务主要学习工业机器人与 PLC 之间的 RFID 通信数据,掌握工业机器人对 RFID 模块的控制变量,实现工业机器人与 RFID 信息交互,由工业机器人控制 RFID 模块对单个工件写入数据、工序、日期、时间参数,及 RFID 芯片数据读取。本任务主要内容包括:

1. 工业机器人对 RFID 数据读写编程;
2. 工业机器人与 RFID 工序信息编程;
3. 工业机器人对 RFID 数据读写测试。

🦾 知识准备

2.2.1　RFID 工序信息设计

微课
RFID 工序信
息设计

在工件装配过程中,应根据不同的工序对产品的装配过程进行记录,并通过读取芯片中记录的信息,查询指定工序的信息,其中每道工序信息包括用户自定义信息和日期时间。

每道工序装配记录需要 28 字节的寄存器空间,其中用户自定义信息为 9 字节,日期为 10 字节,时间为 8 字节,分割符为 1 字节,工序信息寄存器区域详细说明如表 2-4 所示。

表 2-4　工序信息寄存器区域详细说明

工序信息 Array [0..27] of Char			
工序信息组成	字节(Byte)	数组元素地址	格式说明
用户自定义信息	9	[0]~[8]	自定义
日期	10	[9]~[18]	"yyyy-mm-dd"
时间	8	[19]~[26]	"hh-mm-ss"
分隔符	1	[27]	"│"

RFID 模块可读可写,用户存储容量为 112 字节(Byte)。由于 RFID 读写器在执行读写操作时是全区操作,为了将对应的工序写入所需寄存器区域,就需要划分出每道工序的存放地址。基于系统所设计的接口,即工序 1 存放于 0~27 位,工序 2 存放于 28~55 位,工序 3 存放于 56~83 位,工序 4 存放于 84~111 位,如图 2-10 所示。

每道工序信息的最大长度(字节)计算公式如图 2-11 所示。

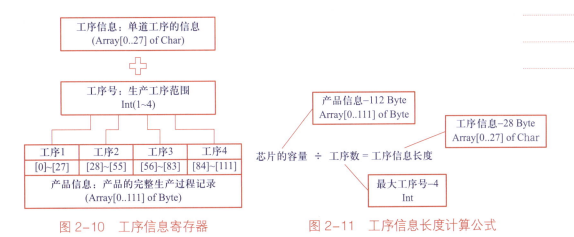

图 2-10　工序信息寄存器　　　　图 2-11　工序信息长度计算公式

在写入数据时,单道工序在产品信息寄存器中起始地址的计算公式为

$$(工序号 -1)×28= 起始地址(产品信息)$$

同理,在读取数据时也要进行此计算操作(用工序号进行芯片寄存器位置的索引)。

2.2.2　RFID 接口设计

通过设计的 RFID 接口,工业机器人需将"日期""时间""工件信息""数据"这些参数通过设计接口发送给 PLC,PLC 接收工业机器人发送的参数并对参数进行处理,将处理的结果反馈给工业机器人。

工业机器人端所设计的 RFID 接口已存储在系统中,RFID 接口分为数值寄存器和字符串寄存器两种类型。其中,数值寄存器状态接口(R[57]和 R[58])以及数值寄存器控制接口(R[97]和 R[98])如图 2-12 所示。

字符串寄存器控制及状态接口(SR[1]~SR[4])如图 2-13 所示。

```
R[ 57:RFID sys sta in  ]=31
R[ 58:proc step in     ]=0
```
(a) 数值寄存器状态接口

```
R[ 97:RFID sys sta out]=0
R[ 98:proc step out    ]=0
```
(b) 数值寄存器控制接口

图 2-12　数值寄存器状态

```
SR[ 1:RFID date in     ]=01-JAN-80 00:00
SR[ 2:RFID command in  ]=
SR[ 3:RFID date out    ]=10-JUN-20 16:17
SR[ 4:RFID command out]=BLUE
```

图 2-13　字符串寄存器

这些 RFID 接口分为输入和输出,输入为外部设备发送给工业机器人的状态反馈,输出为工业机器人发送给外部设备的控制命令。RFID 输入接口功能如表 2-5 所示。

表 2-5　RFID 输入接口功能

接口	功能	接口	功能
RFID Sys Sta In	命令反馈	RFID Date In	日期、时间反馈
Proc Step In	工序反馈	RFID Command In	结果反馈

在 RFID 输入接口中,"RFID Sys Sta In"接口的状态字定义写入完成、写入中和写入错误等 11 个功能,如表 2-6 所示。

表 2-6　"RFID Sys Sta In"状态字功能

状态值	功能	状态值	功能
11	写入完成	31	复位完成
10	写入中	30	复位中
12	写入错误	32	复位错误
21	读完成	100	待机
20	读取中	101	有芯片在工作区
22	读取错误		

RFID 输出接口功能如表 2-7 所示。

表 2-7　RFID 输出接口功能

接口	功能	接口	功能
RFID Sys Sta Out	控制命令	RFID Date Out	输入日期时间
Proc Step Out	输入工序	RFID Command Out	输入数据

在 RFID 输出接口中,"RFID Sys Sta Out"接口的控制字定义指令清除、读数据、写数据、复位以及芯片数据清零 5 个功能,如表 2-8 所示。

表 2-8　"RFID Sys Sta Out"控制字功能

控制值	功能	控制值	功能
0	指令清除	30	复位
10	写数据	40	芯片数据清零
20	读数据		

任务实施

2.2.3 工业机器人对 RFID 数据读写编程

工业机器人对 RFID 数据读写流程是：工业机器人与 PLC 建立通信连接，工业机器人将 RFID 指令（复位、数据写入、数据读取）发送给 PLC，PLC 控制 RFID 执行如下几种控制指令。

微课
工业机器人
对 RFID 数据
读写编程

① 如果 RFID 指令为复位指令，PLC 控制 RFID 执行复位动作。

② 如果 RFID 指令为数据写入指令，工业机器人将需要写入的数据发送给 PLC，PLC 将数据写入 RFID 标签。

③ 如果 RFID 指令为数据读取指令，PLC 读取 RFID 标签中的数据，并发送给工业机器人。

1. PLC 与工业机器人通信编程与数据解析

创建 PLC 接收工业机器人通信数据的 DB 数据块"DB_RB_CMD"以及 PLC 向工业机器人发送数据的 DB 数据块"DB_PLC_STATUS"，如图 2-14 所示。

DB_RB_CMD				
	名称	数据类型	偏移量	起始值
1	▼ Static			
2	▼ PLC_RCV_Data	Struct	0.0	
3	▶ RB自定义数据	Array[0..15] of DInt	0.0	
4	▶ 库位物料	Array[0..5] of DInt	64.0	
5	▶ 库位信息	Array[0..5] of DInt	88.0	
6	旋转供料系统命令	DInt	112.0	0
7	旋转供料运行指令	DInt	116.0	0
8	变位机命令	DInt	120.0	0
9	变位机目标位置	Real	124.0	0.0
10	变位机目标速度	Real	128.0	0.0
11	行走轴命令	DInt	132.0	0
12	行走轴目标位置	Real	136.0	0.0
13	行走轴目标速度	Real	140.0	0.0
14	RFID指令	DInt	144.0	0
15	STEPNO	DInt	148.0	0
16	DATE_TIME	DInt	152.0	0
17	▶ RFID_W_DATA	Array[0..9] of DInt	156.0	
18	▼ RB_CMD	Struct	196.0	
19	▶ RB自定义数据	Array[0..15] of DInt	196.0	
20	▶ 库位物料	Array[0..5] of DInt	260.0	
21	▶ 库位信息	Array[0..5] of DInt	284.0	
22	旋转供料命令	SInt	308.0	0
23	旋转供料运行指令	SInt	309.0	0
24	变位机命令	Word	310.0	16#0
25	变位机目标位置	Real	312.0	0.0
26	变位机目标速度	Int	316.0	0
27	行走轴命令	Word	318.0	16#0
28	行走轴目标位置	Real	320.0	0.0
29	行走轴目标速度	Int	324.0	0
30	RFID指令	Int	326.0	0
31	STEPNO	Int	328.0	0
32	DATE_TIME	DInt	330.0	0
33	▶ RFID待写入信息	Array[0..9] of Char	334.0	

(a) "DB_RB_CMD" 数据块

DB_PLC_STATUS				
	名称	数据类型	偏移量	起始值
1	▼ Static			
2	▼ PLC_Send_Data	Struct	0.0	
3	▶ PLC自定义数据	Array[0..15] of DInt	0.0	
4	▶ 库位物料	Array[0..5] of DInt	64.0	
5	▶ 库位信息	Array[0..5] of DInt	88.0	
6	旋转供料系统状态	DInt	112.0	0
7	旋转供料指令执...	DInt	116.0	0
8	变位机状态	DInt	120.0	0
9	变位机当前位置	Real	124.0	0.0
10	变位机当前速度	Real	128.0	0.0
11	行走轴状态	DInt	132.0	0
12	行走轴当前位置	Real	136.0	0.0
13	行走轴当前速度	Real	140.0	0.0
14	RFID状态反馈	DInt	144.0	0
15	RFID_Search_NO	DInt	148.0	0
16	DATE_TIME	DInt	152.0	0
17	▶ RFID_R_DATA	Array[0..9] of DInt	156.0	
18	▼ PLC_Status	Struct	196.0	
19	▶ PLC自定义数据	Array[0..15] of DInt	196.0	
20	▶ 库位物料	Array[0..5] of DInt	260.0	
21	▶ 库位信息	Array[0..5] of DInt	284.0	
22	旋转供料系统状态	SInt	308.0	0
23	旋转供料指令执...	SInt	309.0	0
24	变位机状态	Word	310.0	16#0
25	变位机当前位置	Real	312.0	0.0
26	变位机当前速度	Int	316.0	0
27	行走轴状态	Word	318.0	16#0
28	行走轴当前位置	Real	320.0	0.0
29	行走轴当前速度	Int	324.0	0
30	RFID状态反馈	Int	326.0	0
31	RFID_Search_NO	Int	328.0	0
32	DATA_TIME	DInt	330.0	0
33	▶ RFID读取信息	Array[0..9] of Char	334.0	

(b) "DB_PLC_STATUS" 数据块

图 2-14 PLC 与工业机器人通信的收发数据块

创建 PLC 与工业机器人通信的函数"TCP_SERVERS",并调用 TRCV_C 指令和 TSEND_C 指令(如图 2-15 所示),实现 PLC 与工业机器人的通信与数据收发。

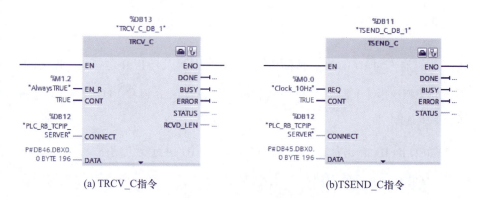

(a) TRCV_C指令　　　　　　　　(b)TSEND_C指令

图 2-15　PLC 与工业机器人通信程序

新建函数"通信数据解析",语言为 SCL,编写程序实现 RFID 相关数据类型转换处理,具体如下。

```
//PLC 发送给工业机器人装配状态
"DB_PLC_STATUS".PLC_Send_Data.PLC 自定义数据 [0]:= "DB_PLC_STATUS".
    PLC_Status.PLC 自定义数据 [0];
// 工业机器人发送给 PLC RFID 指令
"DB_RB_CMD".RB_CMD.RFID 指令:= DINT_TO_INT ("DB_RB_CMD".PLC_RCV_
    Data.RFID 指令 );
// 工业机器人发送给 PLC 工序号
"DB_RB_CMD".RB_CMD.STEPNO:= DINT_TO_INT ("DB_RB_CMD".PLC_RCV_Data.
    STEPNO);
//PLC 发送给工业机器人 RFID 状态
"DB_PLC_STATUS".PLC_Send_Data.RFID 状态反馈:="DB_PLC_STATUS".PLC_
    Status.RFID 状态反馈 ;
//PLC 发送给工业机器人工序状态
"DB_RB_CMD".RB_CMD.STEPNO:= DINT_TO_INT ("DB_RB_CMD".PLC_RCV_Data.
    STEPNO);
"DB_PLC_STATUS".PLC_Status.RFID_Search_NO:="DB_RB_CMD".RB_CMD.
    STEPNO;
"DB_PLC_STATUS".PLC_Send_Data.RFID_Search_NO:= "DB_PLC_STATUS".PLC_
    Status.RFID_Search_NO;
//RFID 写入数据和读取数据解析
FOR #i:= 0 TO 9 DO
    "DB_RB_CMD".RB_CMD.RFID 待写入信息 [#i]:=
DINT_TO_CHAR("DB_RB_CMD".PLC_RCV_Data.RFID_W_DATA[#i]);
```

```
"DB_PLC_STATUS".PLC_Send_Data.RFID_R_DATA[#i]:=
CHAR_TO_DINT ("DB_PLC_STATUS".PLC_Status.RFID读取信息[#i]);
END_FOR;
// 工业机器人发送给 PLC RFID 日期时间
"DB_RB_CMD".RB_CMD.DATE_TIME:="DB_RB_CMD".PLC_RCV_Data.DATE_TIME;
//PLC 发送给工业机器人 RFID 日期时间
"DB_PLC_STATUS".PLC_Send_Data.DATE_TIME:="DB_PLC_STATUS".PLC_
   Status.DATA_TIME;
```

2. 工业机器人控制 RFID 数据读写编程

工业机器人控制 RFID 数据读写编程步骤如下。

操作步骤	操作说明	示意图
1	打开 RFID_MAIN 程 序。当 RFID 指令为 30 时,RFID 执行复位动作	
2	当 RFID 指令为 10 时,RFID 执行数据写入动作。当 RFID 指令为 40 时,RFID 芯片数据清零	
3	当 RFID 指令为 20 时,RFID 执行数据读取动作	
4	RFID 复位状态反馈。其中,BUSY 状态代表正在进行;DONE 状态代表操作完成;ERROR 状态代表操作为操作错误。每一状态都有相应的数值反馈,下述同理	

操作步骤	操作说明	示意图
5	参照上述方法,完成 RFID 数据写入状态反馈	
6	参照上述方法,完成 RFID 数据读取状态反馈	

2.2.4　工业机器人与 RFID 工序信息编程

1. 系统日期时间数据解析

FANUC 工业机器人系统的日期时间是通过 1 个双字节(DInt,32 位)数值寄存器进行存储的,且系统默认日期时间为 1980 年 1 月 1 日 0 时 0 分 0 秒,需要根据寄存器说明来进行数据解析,获得实际的系统日期时间。

系统日期时间信息的数据解析主要包括两个方面:一是将工业机器人系统格式的日期时间信息转换为标准格式的 RFID 日期时间信息;二是将标准格式的 RFID 日期时间信息转换为工业机器人系统格式的日期时间信息。

PLC 端通过 DATE_TIME(1 个 DInt 数据)来接收工业机器人的日期时间信息,此 DATE_TIME 数据类型对日期时间长度划分及功能说明如表 2-9 所示。

表 2-9　数据类型长度划分及功能说明

FANUC 工业机器人系统日期时间				
系统日期时间类型	系统日期时间组成	数据长度	位地址	说明
日期（DATE）	YEAR	1（DInt）	25~31	当前年份 =YEAR+1980
	MONTH		21~24	月（1~12）
	DAY		16~20	日（1~31）
时间（TIME）	HOUR		11~15	小时（0~23）
	MINUTE		5~10	分钟（0~59）
	SECOND		0~4	秒，以 2 秒为单位（0~29）

假设此时工业机器人系统发送"DB_RB_CMD"中"RB_CMD"里的 DATE_TIME 数据为 1334674454，结合表 2-9 来进行此数据解析及规律说明，其数据解析结果如表 2-10 所示。由于 FANUC 工业机器人系统默认的年份是 1980 年，若 YEAR 是 39，则当前年份需在 1980 年基础上加上 YEAR，其运算关系为 1980+39=2019（当前年份）。

表 2-10　寄存器数据解析

十进制表示系统日期时间	二进制表示系统日期时间					
	25~31 位	21~24 位	16~20 位	11~15 位	5~10 位	0~4 位
1334674454	100111	1100	01101	10000	100000	10110
—	YEAR+1980	MONTH	DATE	HOUR	MINUTE	SECOND×2
—	39+1980=2019	12	13	16	32	22×2=44
2019 年 12 月 13 日 16 点 32 分 44 秒						

用 PLC 程序来进行表 2-10 所示的寄存器数据解析处理，具体如下。

```
#YEAR:= (SHR (IN:=#DATE_TIME,N:= 25) AND 16#7F) + 1980;
#MONTH:= SHR (IN:=#DATE_TIME,N:= 21) AND 16#F;
#DAY:= SHR (IN:=#DATE_TIME,N:= 16) AND 16#1F;
#HOUR:= SHR (IN:=#DATE_TIME,N:= 11) AND 16#1F;
#MINUTE:= SHR (IN:=#DATE_TIME,N:=5) AND 16#3F;
#SECOND:= (#DATE_TIME AND 16#1F) * 2;
```

2. 工业机器人系统日期时间转换

工业机器人系统日期时间转换需创建一个 FB 块，用于处理工业机器人通过数值寄存器发过来的日期时间数据解析。其中包括工业机器人发送的用户数据和日

期时间信息处理,因此在背景数据块中自定义参数来处理这些信息,如表2-11所示。

表2-11　自定义背景数据块参数及其说明

输入/输出	名称	数据类型	说明
Input(输入)	User_Data_Char	Array［0..9］of Char	FANUC工业机器人系统格式的用户自定义信息
	DATE_TIME	DInt	FANUC工业机器人系统格式的系统日期时间信息
Output(输出)	RFID_Info_Byte	Array［0..27］of Byte	标准格式下单步工序信息的字节形式
	RFID_Info_Str	String	标准格式下单步工序信息的字符串形式

其中,输入端的"User_Data_Char"数组字符(0~9),用于获取工业机器人发送的用户数据;而"DATE_TIME"为"Dint"双字节,用于获取工业机器人的系统日期时间。

输出端的"RFID_Info_Byte"数组字节(0~27),用于获取单步工序的信息,包括用户数据和日期时间;而"RFID_Info_Str"为字符串,用于将标准格式下单步工序信息的字节形式转换成字符串显示信息。

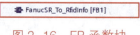

图2-16　FB函数块

① 创建工业机器人系统日期时间转换的FB块,并命名为"FanucSR_To_RfidInfo",其数据类型为SCL,如图2-16所示。

② 在函数块(FB)自带背景数据块的"Input"和"Output"中添加相应参数,如图2-17和表2-11所示。

③ 在"Temp"临时变量中,添加数据变量,包括年(YEAR)、月(MONTH)、天(DAY)、时(HOUR)、分(MINUTE)、秒(SECOND)等参数,如图2-18所示。其中"Date_

图2-17　自定义背景数据参数　　图2-18　自定义背景数据临时变量

Time_Char"字符数组长度范围值为0~17(用于获取日期时间)。

④编写工业机器人端用户自定义写入数据解析,具体如下。

自定义"User_Data_Char"字符数组长度范围值为0~9(工业机器人发送过来的数据),但实际所获取的范围值为0~8,注意区分。

```
//用户自定义数据,无效数据补´＊´
FOR #i:= 0 TO 8 DO
    IF #User_Data_Char[#i] = ´$00´ THEN
        #RFID_Info_Byte[#i]:= ´＊´;
    ELSE
        #RFID_Info_Byte[#i]:= #User_Data_Char[#i];
    END_IF;
END_FOR;
```

⑤编写工业机器人的系统日期时间数据解析程序,具体如下。

```
//获取年
#YEAR:= RIGHT (IN:= DINT_TO_STRING ( (SHR (IN:= #DATE_TIME,N:= 25) + 1980)),
    L:= 4);
//获取月
#MONTH:= RIGHT (IN:= DINT_TO_STRING (SHR (IN:= #DATE_TIME,N:= 21) AND 16#0F),
    L:= 3);
//获取天
#DAY:= RIGHT (IN:= DINT_TO_STRING (SHR (IN:= #DATE_TIME,N:= 16) AND 16#1F),
    L:= 3);
//获取时
#HOUR:= RIGHT (IN:= DINT_TO_STRING (SHR (IN:= #DATE_TIME,N:= 11) AND 16#1F),
    L:= 2);
//获取分
#MINUTE:= RIGHT (IN:= DINT_TO_STRING (SHR (IN:= #DATE_TIME,N:= 05) AND
    16#3F),L:= 3);
//获取秒
#SECOND:= RIGHT (IN:= DINT_TO_STRING ( (#DATE_TIME AND 16#1F) * 2),L:=3);
```

⑥将系统日期时间进行字符串转字符处理,合并日期时间信息,具体如下。

```
Strg_TO_Chars (Strg:=CONCAT (IN1:=#YEAR,IN2:=#MONTH,IN3:=#DAY,IN4:
    =#HOUR,IN5:=#MINUTE,IN6:=#SECOND),          // [9~27] 19 个日期时间信息 ;
    pChars:=0,
    Cnt=>#Cnt1,
    Chars:=#Date_Time_Char);
```

⑦ 在用户自定义数据基础上，通过 FOR 循环语句进行数据值累加，具体如下。

```
FOR #i:= 0 TO 17 DO
#RFID_Info_Byte[#i + 9]:= #Date_Time_Char[#i];// 用户自定义数据基础上累加
                                              // 数据
END_FOR;
```

⑧ 将合并的日期时间进行字符处理，从而转换成标准格式的日期时间，具体如下。

```
// 日期时间分割符 13/16/21/24/27
#RFID_Info_Byte[13]:= ´-´;
#RFID_Info_Byte[16]:= ´-´;
#RFID_Info_Byte[21]:= ´:´;
#RFID_Info_Byte[24]:= ´:´;
#RFID_Info_Byte[27]:= ´|´;
// 时间小于 10 补足两位
FOR #i:= 14 TO 17 BY 3 DO
    IF #RFID_Info_Byte[#i] = ´´ THEN
        #RFID_Info_Byte[#i]:= ´0´;
    END_IF;
END_FOR;
// 时间小于 10 补足两位
FOR #i:= 19 TO 25 BY 3 DO
    IF #RFID_Info_Byte[#i] = ´´ THEN
        #RFID_Info_Byte[#i]:= ´0´;
    END_IF;
END_FOR;
```

⑨ 将标准格式的日期时间字符 "RFID_Info_Byte" 转换成字符串（RFID_Info_Str），具体如下。

```
// 合成完整信息字符串
Chars_TO_Strg (Chars:=#RFID_Info_Byte,
               pChars:=0,
               Cnt:=0,
               Strg=>#RFID_Info_Str);
```

3. 转换成工业机器人系统日期时间

转换成工业机器人系统日期时间需创建一个 FB 块，用于将标准格式的 RFID 信息转换为 FANUC 工业机器人系统格式的 RFID 信息。其中包括读取的用户数据和日期时间信息，因此在背景数据块中自定义参数来处理这些信息，如表 2–12 所示。

表2-12 自定义背景数据块参数及其说明

名称	数据类型	说明
Rfid_Info_Byte_IN	Array［0..27］of Byte	标准格式下单步工序信息的字符形式
RBSearch_Data_Char	Array［0..9］of Char	FANUC 工业机器人系统格式的用户自定义信息
		● 有效信息，返回工序信息中用户自定义部分的数据
		● 无效用户信息，返回"NullData！"
		● 无效日期时间信息，返回"ErrorDate"
RBSearch_DateTime	DInt	FANUC 工业机器人系统格式的系统日期时间信息
		● 有效信息，返回工序信息中的日期时间数据
		● 无效用户信息，本次查询的时刻
		● 无效时间信息，本次查询的时刻
DONE	Bool	有效信息
Null	Bool	无效用户信息
Error	Bool	无效日期时间信息(无效用户信息状态优先)
RBSearch_Info_Str	String	查询结果的字符串形式

输入端的"Rfid_Info_Byte_IN"用于获取标准格式下的单步工序信息字符形式。输出端的"RBSearch_Data_Char"数组字符，用于获取 FANUC 工业机器人系统格式的用户自定义信息，其中包括条件的判断，如果用户读取的数据不存在，则反馈工业机器人"NullData"(无数据)；反之，则反馈用户所写入的数据。而"RBSearch_DateTime"用于对有效日期时间判断处理，并以标准格式的 RFID 信息转换为 FANUC 工业机器人系统格式的 RFID 信息。"RBSearch_Info_Str"用于将查询的结果(用户数据、日期时间)合并成字符串形式显示信息。

① 创建 FANUC 工业机器人系统日期时间转换的 FB 块，并命名为"RfidInfo_To_FanucSR"，其数据类型为 SCL，如图 2-19 所示。

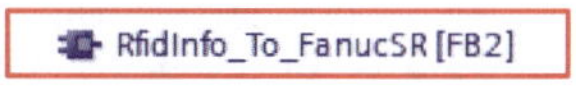

② 在函数块（FB）自带背景数据功能的"Input"和"Output"中添加相应参数，如图 2-20 和表 2-12 所示。

图 2-19 FB 函数块

③ 在"Temp"临时变量中，添加数据变量，包括年(YEAR)、月(MONTH)、天(DAY)、时(HOUR)、分(MINUTE)、秒(SECOND)等参数。在"Static"中调用"FanucSR_To_RfidInfo"函数块，如图 2-21 所示。

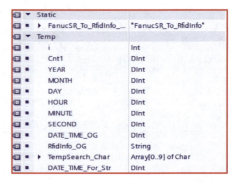

RfidInfo_To_FanucSR			
	名称	数据类型	默认值
1	▼ Input		
2	▶ Rfid_Info_Byte_IN	Array[0..27] of Byte	
3	▼ Output		
4	▶ RBSearch_Data_Char	Array[0..9] of Char	
5	RBSearch_DateTime	DInt	0
6	DONE	Bool	false
7	Null	Bool	false
8	Error	Bool	false
9	RBSaerch_Info_Str	String	''

图 2-20　自定义背景数据参数　　　　图 2-21　自定义背景数据临时变量

④ 编写程序将标准格式的 RFID 信息转换为 FANUC 工业机器人系统格式的 RFID 信息，具体如下。

```
(* 分离以标准格式存放的工序信息，自定义信息 [0~8]Char，日期时间 [9~27]Char 转
换为 DInt，且需要为有效数据，否则工业机器人报警，通信中断；判断实际读取的信息，
处理后反馈给工业机器人，有效信息 – 按数据反馈；空信息：'NullData！'+' 当前查询
日期时间'，日期时间错误：'ErrorDate'+ 当前查询日期时间 *)
#DONE:= FALSE;
#Null:= FALSE;
#Error:= FALSE;
// 提取日期时间元素
Chars_TO_Strg (Chars:=#Rfid_Info_Byte_IN,
               pChars:=0,
               Cnt:=0,
               Strg=>#RfidInfo_OG);
#YEAR   := STRING_TO_DINT ( MID (IN:= #RfidInfo_OG,L:= 4,P:= 10));
#MONTH  := STRING_TO_DINT ( MID (IN:= #RfidInfo_OG,L:= 15));
#DAY    := STRING_TO_DINT ( MID (IN:= #RfidInfo_OG,L:= 2,P:= 18));
#HOUR   := STRING_TO_DINT ( MID (IN:= #RfidInfo_OG,L:= 2,P:= 20));
#MINUTE:= STRING_TO_DINT ( MID (IN:= #RfidInfo_OG,L:= 2,P:= 23));
#SECOND:= STRING_TO_DINT ( MID (IN:= #RfidInfo_OG,L:= 2,P:= 26));
// 合并成 FANUC 工业机器人系统格式的 RFID 信息。注意：此处不管日期时间信息是否合法，
// 都会转换为日期时间
#DATE_TIME_OG:= SHL (IN:= (#YEAR-1980),N:= 25)
             + SHL (IN:= #MONTH,N:= 21)
             + SHL (IN:= #DAY,N:= 16)
             + SHL (IN:= #HOUR,N:= 11)
             + SHL (IN:= #MINUTE,N:= 5)
             + (#SECOND / 2);
(* 下面对用户数据有无、以及日期时间的合法性，做相应的条件判断处理 *)
```

```
// 查询无信息，返回 'NullData！' String[9] 及查询的时刻;
// 暂无记录;
IF #Rfid_Info_Byte_IN[0] = 0 THEN
    #Null:= TRUE;
    Strg_TO_Chars (Strg:= 'NullData！',
                   pChars:= 0,
                   Cnt => #Cnt1,
                   Chars:= #TempSearch_Char);
    #RBSearch_DateTime:= "DB_RB_CMD".RB_CMD.DATE_TIME;
    #DATE_TIME_For_Str:= "DB_RB_CMD".RB_CMD.DATE_TIME;
// 芯片中 RFID 日期时间信息合法性判断
ELSIF
(* 如果查询的年份小于系统默认的年份，并且月份时间不符合国际标准格式，则查询日期
时间为 "ErrorDate" 错误处理 *)
// 查询信息错误
    #YEAR < 1980
    OR #MONTH < 1 OR #MONTH > 12
    OR #DAY < 1 OR #DAY > 31
    OR #HOUR < 0 OR #HOUR > 23
    OR #MINUTE < 0 OR #MINUTE > 59
    OR #SECOND < 0 OR #SECOND > 59 THEN
    #Error:= TRUE;
    Strg_TO_Chars (Strg:= 'ErrorDate',
                   pChars:= 0,
                   Cnt => #Cnt1,
                   Chars:= #TempSearch_Char);
    #RBSearch_DateTime:= "DB_RB_CMD".RB_CMD.DATE_TIME;
    #DATE_TIME_For_Str:= "DB_RB_CMD".RB_CMD.DATE_TIME;
ELSE
// 查询信息正确
    #DONE:= TRUE;
    FOR #i:= 0 TO 8 DO
        #TempSearch_Char[#i]:= #Rfid_Info_Byte_IN[#i];
    END_FOR;
    #RBSearch_DateTime:= #DATE_TIME_OG;
    #DATE_TIME_For_Str:= #DATE_TIME_OG;
END_IF;
// 将查询的结果赋值给 #RBSearch_Data_Char 对象
#RBSearch_Data_Char:= #TempSearch_Char;
```

⑤ 转换完成后的 FANUC 工业机器人系统格式 RFID 信息，通过调用 "FanucSR_To_RfidInfo"（FB 函数块），将 RFID 信息以字符串形式显示并反馈给工业机器人，具体如下。

```
// 以字符串形式显示反馈给工业机器人的信息
#FanucSR_To_RfidInfo_Instance (User_Data_Char:= #TempSearch_Char,
                               DATE_TIME:= #DATE_TIME_For_Str,
                               RFID_Info_Str => #RBSearch_Info_Str);
```

4. 工序记录与信息追溯

基于本项目只需占用 3 道工序(0~83 字节),其工序记录与信息追溯编程的具体操作步骤如下。

① 创建函数块"RFID_DATA",语言为 SCL,在背景数据块中新建静态变量:写入工序号、读取工序号、待写入信息、查询的信息,以及读(Read)写(Write)信息等参数,如图 2-22 所示。

② 在"Temp"临时变量中,添加数据变量,包括工序号、写入起始位、读取起始位、i、IsWrite、IsClear 等参数,如图 2-23 所示。

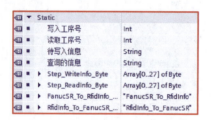

图 2-22　新建静态变量

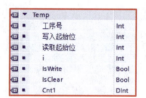

图 2-23　新建临时变量

③ 编写 RFID 写入数据解析程序,将工业机器人发送给 PLC 的 RFID 写入数据进行解析,并赋值给 DATA.Write。RFID 写入数据解析程序如下。

```
(*RFID芯片信息的写入和读取遵守同一格式:UserDate[0~8]+Date_Time[9~26]+结束符 [27]*)
//FANUC工业机器人的原始信息数据转换为标准格式
#FanucSR_To_RfidInfo_Instance (User_Data_Char:="DB_RB_CMD".RB_CMD.
RFID待写入信息,
                               DATE_TIME:="DB_RB_CMD".RB_CMD.DATE_
                                 TIME,
                               RFID_Info_Byte=>#Step_WriteInfo_Byte,
                               RFID_Info_Str=>#待写入信息);
// 写入工序号
# 工序号:="DB_RB_CMD".RB_CMD.STEPNO;
(* 工序信息先记录下原有芯片的信息,只对当前需要写入信息的存储区进行修改,实现产品混流生产时的工序记录 *)
```

```
#R_TRIG_Instance (CLK:="DB_RB_CMD".RB_CMD.RFID 指令 = 10 ,//写入数据,上
//升沿触发
                    Q=>#IsWrite);
#R_TRIG_Instance_1 (CLK:="DB_RB_CMD".RB_CMD.RFID 指令 = 40 ,//RFID 芯片
//数据清零,上升沿触发
                    Q => #IsClear);
// 如果是写入命令,并且工序号满足条件,执行写入数据操作
IF #IsWrite AND 0<# 工序号 AND 4># 工序号 THEN
    # 写入工序号:= # 工序号 ;
    # 写入起始位:= (# 写入工序号 –1) * 28;
    FOR #i:= 0 TO 27 DO
        "DATA".Write[# 写入起始位 + #i]:= #Step_WriteInfo_Byte[#i];
    END_FOR;
// 如果是写入芯片清除命令,则芯片信息清除操作
    ELSIF #IsClear THEN
        # 写入工序号:= # 工序号 ;
        FOR #i:= 0 TO 83 DO
            "DATA".Write[#i]:= 16#0; // 将 0(无数据)赋值给 Write 位置寄存器
        END_FOR;
ENDIF;
```

④ 编写 RFID 读取数据解析程序,将 PLC 读取到的 RFID 数据进行解析,然后
发送给工业机器人。RFID 读取数据解析程序如下。

```
// 如是读取命令,则执行工序记录查询操作
IF "DB_RB_CMD".RB_CMD.RFID 指令 = 20 AND 0<# 工序号 AND 4># 工序号 THEN
    # 读取工序号:= # 工序号 ;
    # 读取起始位:= (# 读取工序号 –1) * 28;
    // 记录查询字段的原始数据
    FOR #i:= 0 TO 27 DO
        #Step_ReadInfo_Byte[#i]:="DATA".Read[# 读取起始位 + #i];
    END_FOR;
    // 查询到的 RFID 信息转换为 FANUC 工业机器人系统信息格式反馈给工业机器人
    #RfidInfo_To_FanucSR_Instance (Rfid_Info_Byte_IN:= #Step_
    ReadInfo_Byte,
                            RBSearch_Data_Char => "DB_PLC_
                                STATUS".PLC_Status.RFID 读取信息 ,
                            RBSearch_DateTime => "DB_PLC_
                                STATUS".PLC_Status.DATA_TIME,
                            RBSearch_Info_Str=># 查询的信息 );
END_IF;
```

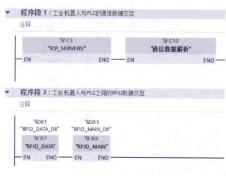

图 2-24　主程序 MAIN

⑤ 将"TCP_SERVERS""通信数据解析""RFID_DATA"和"RFID_MAIN"程序块添加到主程序 MAIN 中,并下载至 PLC 中,如图 2-24 所示。必须将"RFID_DATA"放在"RFID_MAIN"程序之前,先将需要写入 RFID 的数据放入数据缓存区,然后再写入 RFID。

2.2.5　工业机器人对 RFID 数据读写测试

通过工业机器人对 RFID 数据读写测试,将"日期、时间、工序号、姓名"这些数据信息与 PLC 交互。工业机器人控制 RFID 数据读写测试步骤如下。

操作步骤	操作说明	示意图
1	将上述程序下载到 PLC 设备中,并将一电机外壳置于 RFID 读写器上方	
2	将 RFID 输出接口中的"R[97:RFID sys sta out]"设为 30,复位 RFID 操作,其他接口参数都按默认设置	R[97:RFID sys sta out]=30 R[98:proc step out]=0
3	可见 RFID 输入接口中的"R[57:RFID sys sta in]"(PLC 状态反馈端)已反馈 31,复位完成	R[57:RFID sys sta in]=31 R[58:proc step in]=0
4	写入数据操作。将 R[97:RFID sys sta out]设为 10(RFID 写入操作),而 R[98:proc step out(工序号)]设为 1;其字符串寄存器中的"SR[4:RFID command out]"(数据)设为 HBLHB。Date 参数系统自动生成,无须设定	R[97:RFID sys sta out]=10 R[98:proc step out]=1 SR[4:RFID command out]=HBLHB
5	写入状态:R[57:RFID sys sta in]=11(写入成功);R[58:proc step in]=1(已写入 1 号工序)	R[57:RFID sys sta in]=11 R[58:proc step in]=1
6	读取数据操作。将 R[97:RFID sys sta out]设为 20(RFID 读取操作),而 R[98:proc step out 设为 1(读取工序号);读取状态:R[57:RFID sys sta in]=21(读取成功);R[58:proc step in]=1(已读取 1 号工序)	R[97:RFID sys sta out]=20 R[98:proc step out]=1 R[57:RFID sys sta in]=21 R[58:proc step in]=1

操作步骤	操作说明	示意图
7	读取数据结果,在字符串寄存器查看:SR［2:RFID command in］(读取数据),结果为HBLHB****;SR［3:RFID date out］(读取时间),结果为当前计算机时间	SR［1:RFID date in ］=10-JUN-20 17:09 SR［2:RFID command in ］=HBLHB**** SR［3:RFID date out ］=10-JUN-20 17:25 SR［4:RFID command out］=HBLHB
8	芯片数据清零操作。将R［97:RFID sys sta out］设为40(芯片清零操作),其他接口参数都按默认设置	R［97:RFID sys sta out］=40 R［98:proc step out ］=0
9	当再次去读取RFID芯片数据时,可见反馈RFID数据是"NullData!"(无数据)	SR［1:RFID date in ］=10-JUN-20 17:41 SR［2:RFID command in ］=NullData! SR［3:RFID date out ］=10-JUN-20 17:43 SR［4:RFID command out］=HBLHB

拓展练习 2.2

任务 2.3　工业机器人对变位机的应用编程

任务提出

工业机器人对变位机的控制主要是通过 PLC 与工业机器人通信,PLC 接收工业机器人端的变位机控制指令,并发送给伺服驱动器,控制伺服电机,实现变位机的运动。同时,PLC 将变位机的状态信息发送给工业机器人端的相关变量,在工业机器人上实时显示变位机的状态。本任务主要包括以下内容:

1. 通信模块组态;

2. PLC 与伺服驱动器的通信编程;

3. 变位机通信数据解析;

4. 工业机器人对变位机控制测试。

教学课件
任务 2.3

微课
工业机器人
对变位机的
应用编程

知识准备

2.3.1　多摩川伺服驱动器

1. 变位机的伺服驱动系统

本项目中,变位机的伺服驱动器采用多摩川伺服驱动器(TAD8811N341E133,400 W)。其基本型号含义:TAD8811 表示系列;N341 中,3 表示串行编码器,4 表示

24 V(1/F) AC 200 V, 1 表示 1Arms；E1 表示编码器规格；33 表示与之匹配的电机型号 TS4603 系列。

多摩川伺服驱动器主要由 I/O 接口、编码器接口、SV-NET/485 接口、USB 接口、模拟监视器输出接口、驱动电源接口、外部电阻接口、机架地线和操作面板组成，如图 2-25 所示。

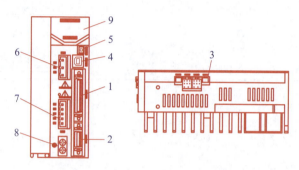

图 2-25　多摩川伺服驱动器的组成

1—I/O 接口(CN1)；2—编码器接口(CN2)；3—SV-NET/485 接口(CN5/6)；4—USB 接口(CN7)；5—模拟监视器输出接口(CN8)；6—驱动电源接口(TB1)；7—连接电机，外部电阻接口(TB2)；8—机架地线；9—操作面板

本项目中，伺服电机采用多摩川伺服电机(TS4603N2185E200，AC 200 V 100 W)。伺服驱动器 U、V、W 分别接至伺服电机 U(红)、V(白)、W(黑)3 根相线。伺服电机编码器反馈接至驱动器 CN2，编码器分辨率为 131072 p/r，如图 2-26 所示。

S7-1200 PLC 与伺服驱动之间采用 Modbus RTU 串行通信。PLC 左侧加装的通信模块 CM1241 与伺服驱动 CN5 之间通过 SV-NET(RS485)电缆线连接。通信模块：S7-1200 CM1241 RS422/485，订货号为 6ES7241-1CH32-0XB0。

2. 伺服驱动器访问地址

伺服驱动器 TAD8811 中，针对保持注册区(注册地址 40001~49999)可用驱动器参数进行设置。在 Modbus 通信协议的概念上，主站可以通过访问保持注册区对驱动器进行控制和检测。例如访问地址 40021=40001+20，即访问注册地址 20，对应 ID20 参数(伺服状态显示)；访问地址 42003=40001+2002，即访问注册地址 2002，对应 ID41 参数(反馈速度)。本项目中伺服驱动器的读写地址如表 2-13 所示。

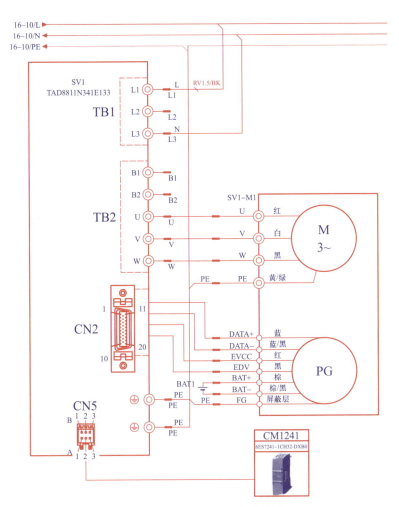

图 2-26　伺服驱动器的电气接线图

表 2-13　伺服驱动器的读写地址

序号	访问地址	内容	说明
1	40021	驱动器参数 ID20（伺服状态显示）	1Word
2	40022	驱动器参数 ID21（I/O 状态显示）	1Word
3	40023	驱动器参数 ID22（警报编号）	1Word
4	41001	驱动器参数 ID30（伺服指令）	1Word
5	41002	驱动器参数 ID31（控制模式）	1Word
6	41003	驱动器参数 ID32（目标位置上位）	1Word
7	41004	驱动器参数 ID32（目标位置下位）	1Word
8	41005	驱动器参数 ID33（目标速度）	1Word
9	42001	驱动器参数 ID40（反馈位置上位）	1Word
10	42002	驱动器参数 ID40（反馈位置下位）	1Word
11	42003	驱动器参数 ID41（反馈速度）	1Word

2.3.2　Modbus 通信

Modbus 是一种串行通信协议，是 Modicon 公司（现在的施耐德电气公司）于1979 年为使用可编程序控制器（PLC）通信而发表的。Modbus 已经成为工业领域通信协议的业界标准，并且现在是工业电子设备之间常用的连接方式。

Modbus 协议是一个 master/slave（主 / 从）架构的协议，有一个节点是 master 节点，其他使用 Modbus 协议参与通信的节点是 slave 节点，每一个 slave 节点都有一个唯一的地址。在串行和 MB+ 网络中，只有被指定为 master 节点的节点可以启动一个命令（在以太网上，任何一个设备都能发送一个 Modbus 命令，但是通常也只有一个 master 节点设备启动指令）。

Modbus 串行链路协议包括 ASCII、RTU 和 TCP 三种报文类型。标准的 Modbus 协议物理层接口有 RS232、RS422、RS485 和以太网口。Modbus RTU（远程终端单元）是一个标准的网络通信协议，它使用 RS232 或 RS485 接口在 Modbus 网络设备之间传输串行数据。可在带有一个 RS232 或 RS485 CM 或一个 RS485 CB 的 CPU 上添加 PtP（点对点）网络端口。

S7-1200 PLC 与多摩川伺服驱动器之间采用 Modbus RTU 的 RS485 通信，1 个主机可以对应连接从机的最大数量为 31 台，本项目中 PLC 连接 1 台伺服驱动器。

2.3.3　Modbus RTU 通信指令

S7-1200 PLC 中 Modbus RTU 的指令主要包括 Modbus_Comm_Load、Modbus_Master 和 Master_Slave。Modbus_Master 和 Master_Slave 指令的使用方法差别不大，这里将着重介绍 Modbus_Comm_Load 和 Modbus_Master 指令。

1. Modbus_Comm_Load 指令

Modbus_Comm_Load 指令用来组态通信端口，以使用 Modbus RTU 协议。将 Modbus_Comm_Load 指令放入程序时自动分配背景数据块。

Modbus_Comm_Load 指令的输入 / 输出参数及其说明如表 2-14 所示。

表 2-14　Modbus_Comm_Load 指令的输入／输出参数及其说明

LAD/FBD	输入／输出参数		数据类型	说明
"Modbus_Comm_Load_DB" Modbus_Comm_Load EN　　　ENO REQ 　　　　DONE PORT　　ERROR BAUD　　STATUS PARITY FLOW_CTRL RTS_ON_DLY RTS_OFF_DLY RESP_TO MB_DB	IN	EN	Bool	使能
		REQ	Bool	上升沿时信号启动操作
		PORT	Bool	硬件标识符
		BAUD	UDInt	选择数据传输速率
		PARITY	UInt	奇偶校验选择
		FLOW_CTRL	UInt	选择流控制
		RTS_ON_DLY	UInt	RTS 接通延迟选择
		RTS_OFF_DLY	UInt	RTS 关断延迟选择
		RESP_TO	UInt	响应超时
		MB_DB	MB_BASE	对指令背景数据块的引用
	OUT	DONE	Bool	上一请求完成且无出错,该位将保持为 TRUE 一个扫描周期
		ERROR	Bool	是否出错:0—无错,1—有错
		STATUS	Word	故障代码

2. Modbus_Master 指令

Modbus_Master 指令用于 Modbus 主站与指定的从站进行通信。在执行此指令之前,必须要先执行 Modbus_Comm_Load 指令组态通信端口。将 Modbus_Master 指令放入程序时自动分配背景数据块。注意:同一个 Modbus 端口的所有 Modbus_Master 指令都必须使用同一个 Modbus_Master 背景数据块。

Modbus_Master 指令的输入／输出参数及其说明如表 2-15 所示。

表 2-15　Modbus_Master 指令的输入／输出参数及其说明

LAD/FBD	输入／输出参数		数据类型	说明
"Modbus_Master_DB" Modbus_Master EN　　　ENO 　　　　DONE 　　　　BUSY 　　　　ERROR REQ　　STATUS MB_ADDR MODE DATA_ADDR DATA_LEN DATA_PTR	IN	EN	Bool	使能
		REQ	Bool	上升沿时信号启动操作
		MB_ADDR	UInt	从站地址,有效值为 0~247
		MODE	USInt	模式选择:0—读,1—写
		DATA_ADDR	UDInt	从站中的起始地址
		DATA_LEN	UInt	数据长度
		DATA_PTR	Variant	数据指针:指向要写入或读取的数据的 M 或 DB 地址(未经优化)
	OUT	DONE	Bool	上一请求已完成且无出错,该位将保持为 TRUE 一个扫描周期
		BUSY	Bool	0—Modbus_Master 操作未进行 1—Modbus_Master 操作正在进行
		ERROR	Bool	是否出错:0—无错,1—有错
		STATUS	Word	故障代码

2.3.4　工业机器人端变位机控制变量

工业机器人端变位机的控制及状态显示是通过自定义的数据类型 turn 及其变量来先实现的。变位机控制变量为 "*** out"，如图 2-27（a）所示，工业机器人将变位机控制命令发送给 PLC；变位机状态变量为 "*** in"，如图 2-27（b）所示，工业机器人读取 PLC 中变位机状态。

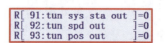　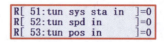

(a) 变位机控制接口　　　　　　(b) 变位机状态接口

图 2-27　变位机控制及状态接口

变位机控制接口用来定义伺服控制、位置及速度 3 个功能，如表 2-16 所示。

表 2-16　变位机控制接口功能

接口	功能	控制值及范围值
Command	伺服上使能 / 下使能	3 或 0
Position	位置	±45
Speed	速度	0~150

变位机状态接口用来定义反馈命令、位置及速度 3 个功能，如表 2-17 所示。

表 2-17　变位机状态接口功能

反馈值	功能
16900~1	伺服 ON/ 配置文件运行中
±45	位置上下限位反馈
0~150	运行速度反馈

🪡 任务实施

2.3.5　通信模块组态

PLC 与伺服驱动器之间采用 Modbus RTU 通信，PLC 左侧需要加装西门子通信模块 CM1241 RS422/485，与伺服驱动器 CN5 之间通过 SV-NET（RS485）电缆线连接。

本项目设计电气系统时，PLC 左侧第一个模块是 RFID 的通信模块，PLC 左侧第二个模块是西门子通信模块 CM1241 RS422/485，所以西门子通信模块组态前必须先完成 RFID 通信模块的组态。西门子通信模块组态的操作步骤如下。

微课
通信模块组态

步骤	操作说明	示意图
1	在右侧硬件目录中依次选择"通信模块"→"点到点"→CM1241(RS422/485)，订货号选择"6ES7 241-1CH32-0XB0"，然后将其拖动到 PLC 左侧第二个卡槽中（102）	
2	打开 CM1241 模块的属性界面。将"波特率"设为"19.2kbps"，"停止位"设为 2，其他参数不修改	

2.3.6 PLC 与伺服驱动器通信编程

PLC 与伺服驱动器的通信流程主要是基于 Modbus RTU 通信协议，PLC 读取伺服驱动器的状态，发送控制伺服驱动器的命令，读取伺服驱动器的反馈信号。

PLC 与伺服驱动器的通信程序包括"变位机命令"数据块、"变位机状态"数据块和"变位机伺服控制"函数。"变位机命令"数据块的功能是 PLC 将此数据块中的数据写入伺服驱动器中相应地址，控制伺服电机运动；"变位机状态"数据块的功能是 PLC 读取伺服驱动器当前状态，并保存到此数据块中；"变位机伺服控制"函数的功能是 PLC 与伺服驱动器建立通信连接，然后实现变位机状态和命令数据的读写。创建数据块和函数的操作步骤如下。

微课
PLC 与伺服驱动器通信编程

步骤	操作说明	示意图
1	新建数据块,命名为"变位机命令",类型为"全局 DB",包括"伺服指令""控制模式""目标位置"和"目标速度",变量类型如右图所示。其中,"控制模式"变量的初始值设为"16#1",代表位置控制	**变位机命令** 名称 / 数据类型 / 偏移量 / 起始值 ▼ Static 伺服指令 / Word / 0.0 / 16#00 控制模式 / Word / 2.0 / 16#1 目标位置 / DInt / 4.0 / 0 目标速度 / Int / 8.0 / 0
2	取消勾选数据块的"优化的块访问"	**属性** ☐ 仅存储在装载内存中 ☐ 在设备中写保护数据块 ☐ 优化的块访问 ☑ 可从 OPC UA 访问 DB
3	新建数据块"变位机状态",类型为"全局 DB",包括"伺服状态显示,I/O 状态显示""警报编码""反馈位置"和"反馈速度",变量类型如右图所示	**变位机状态** 名称 / 数据类型 / 偏移量 / 起始值 ▼ Static 伺服状态显示 / Word / 0.0 / 16#0 I/O状态显示 / Word / 2.0 / 16#0 警报编码 / Word / 4.0 / 16#0 反馈位置 / DInt / 6.0 / 0 反馈速度 / Int / 10.0 / 0
4	新建函数"变位机伺服控制",语言选择 LAD	

变位机伺服控制流程是:

① PLC 与伺服驱动器建立 Modbus RTU 通信连接;

② PLC 读取伺服驱动器的伺服状态显示、I/O 状态显示和警报编码;

③ PLC 将变位机命令数据块的数据写入伺服驱动器的相应地址,控制变位机运动;

④ PLC 读取伺服驱动器反馈的位置和速度。

变位机伺服控制函数的编程步骤如下。

步骤	操作说明	示意图
1	进入变位机伺服控制函数,在右侧指令菜单中依次选择"通信"→"通信处理器"→"MODBUS（RTU）"→"Modbus_Comm_Load",添加通信指令	
2	将 Modbus_Comm_Load 拖动到左侧函数的程序段 1 中,并设置相关参数	
3	在"Modbus_Comm_Load" 的"PORT"引脚处输入"Local",将会自动显示所包含的全部参数,选择 CM_1241 设备"Port"本地端口	
4	依次选择"系统块"→"程序资源"→"Modbus_Comm_Load_DB[DB3]"	

任务 2.3　工业机器人对变位机的应用编程　　87

步骤	操作说明	示意图
5	打开"Modbus_Comm_Load_DB",找到参数"MODE",修改为"16#04",代表485通信	**Modbus_Comm_Load_DB** 名称 / 数据类型 / 起始值 BAUD UDInt 9600 PARITY UInt 0 FLOW_CTRL UInt 0 RTS_ON_DLY UInt 0 RTS_OFF_DLY UInt 0 RESP_TO UInt 1000 Output DONE Bool false ERROR Bool false STATUS Word W#16#7000 InOut MB_DB P2P_MB_BASE Static ICHAR_GAP Word 16#0 RETRIES Word 16#0 MODE USInt 16#04 LINE_PRE USInt 16#00
6	参照上述方法,将Modbus_Master指令拖动到函数的程序段2中,并设置相关参数。其中,"DATA_ADDR"引脚参数是基于伺服电机访问地址段设定的,下述引脚参数同理。此段程序功能:读取伺服驱动器的伺服状态显示、I/O状态显示和警报编码	%DB12 "Modbus_Master_DB" **Modbus_Master** EN ENO 1 — REQ DONE — %M100.0 "Tag_1" 1 — MB_ADDR BUSY — 0 — MODE ERROR — 40021 — DATA_ADDR STATUS — 3 — DATA_LEN P#DB10.DBX0.0 WORD 3 — DATA_PTR
7	再次将Modbus_Master指令拖动到步骤2的程序后面,并设置相关参数。此段程序功能:PLC将变位机命令数据块的数据写入伺服驱动器相应的地址中,控制变位机的运动	%DB4 "Modbus_Master_DB" **Modbus_Master** EN ENO %M100.0 "Tag_1" — REQ DONE — %M100.1 "Tag_2" 1 — MB_ADDR BUSY — 1 — MODE ERROR — 41001 — DATA_ADDR STATUS — 5 — DATA_LEN P#DB1.DBX0.0 WORD 5 — DATA_PTR
8	再次将Modbus_Master指令拖动到步骤3的程序后面,并设置相关参数。此段程序功能:PLC读取伺服驱动器反馈的位置和速度	%DB4 "Modbus_Master_DB" **Modbus_Master** EN ENO %M100.1 "Tag_2" — REQ DONE — %M100.2 "Tag_3" 1 — MB_ADDR BUSY — 0 — MODE ERROR — 42001 — DATA_ADDR STATUS — 3 — DATA_LEN P#DB2.DBX6.0 WORD 3 — DATA_PTR

2.3.7 变位机通信数据解析

当PLC接收到工业机器人端发送过来的变位机控制命令数据后,PLC需要对数据进行解析,并赋值给变位机命令中的相关变量,控制变位机的运动。同时,PLC需要对变位机状态数据进行解析,然后发送给工业机器人端,在工业机器人端显示变位机的状态。

任务 2.2 中的工业机器人对 RFID 数据读写编程,已对 PLC 与工业机器人交互数据建立了通信,此处不再进行详细介绍。

① 创建"变位机通信数据解析"函数块(FB),其语言类型为 SCL,其他都按默认设置。在自带的背景数据块中,"Static"下添加"单圈脉冲当量""单圈角度"和"减速比",其"数据类型"如图 2-28 所示,并设定相应对象的"默认值"参数。

变位机通信数据解析			
名称	数据类型	默认值	保持
▶ Input			
▶ Output			
▶ InOut			
▼ Static			
单圈脉冲当量	DInt	131072	非保持
单圈角度	Real	360.0	非保持
减速比	Int	50	非保持

图 2-28   变位机通信数据解析

② 工业机器人端通过所设计的接口发送给变位机命令、位置、速度参数解析,具体如下。

```
// 工业机器人发送给变位机命令、位置、速度参数解析
"DB_RB_CMD".RB_CMD.变位机命令:=SWAP_WORD("DB_RB_CMD".PLC_RCV_Data.变位机命令);
"DB_RB_CMD".RB_CMD.变位机目标位置:=DWORD_TO_REAL(SWAP_DWORD("DB_RB_CMD".PLC_RCV_Data.变位机目标位置));
"DB_RB_CMD".RB_CMD.变位机目标速度:=SWAP_WORD("DB_RB_CMD".PLC_RCV_Data.变位机目标速度);
```

③ PLC 端通过所设计的接口发送给工业机器人反馈状态、速度、位置参数解析,具体如下。

```
//PLC 发送给工业机器人反馈状态、速度、位置参数解析
"DB_PLC_STATUS".PLC_Send_Data.变位机控制状态:=SWAP_WORD("DB_PLC_STATUS".PLC_Status.变位机控制状态);
"DB_PLC_STATUS".PLC_Send_Data.变位机当前位置:=SWAP_DWORD(REAL_TO_DWORD("DB_PLC_STATUS".PLC_Status.变位机当前位置));
"DB_PLC_STATUS".PLC_Send_Data.变位机当前速度:=SWAP_WORD(("DB_PLC_STATUS".PLC_Status.变位机当前速度));
```

④ 当工业机器人端发送控制命令、位置、速度参数时,其通信数据解析如下。

```
//注意:当工业机器人端发送给 PLC 控制变位机命令时，进入目标位置、目标速度运算，并
//且伺服指令等于3，则伺服上使能；控制模式等于1，则伺服位置控制
IF "DB_RB_CMD".RB_CMD. 变位机命令 = 3 THEN
    "DB_ 变位机命令". 伺服指令:=16#0003;
    "DB_ 变位机命令". 控制模式:=16#0001;
    "DB_ 变位机命令". 目标位置:=REAL_TO_DINT ("DB_RB_CMD".RB_CMD. 变位机目标
    位置 /7.2*131072);
    "DB_ 变位机命令". 目标速度:="DB_RB_CMD".RB_CMD. 变位机目标速度 ;
//注意:同时，PLC 对变位机的状态数据进行解析，并保存到 PLC 发送数据块中的相关变量，
// 然后发送给工业机器人
    "DB_PLC_STATUS".PLC_Status. 变位机控制状态:="DB_ 变位机状态". 伺服状态显示 ;
    "DB_PLC_STATUS".PLC_Status. 变位机当前位置:=DINT_TO_REAL ("DB_ 变位机
    状态". 反馈位置 )*7.2 /131072;
    "DB_PLC_STATUS".PLC_Status. 变位机当前速度:="DB_ 变位机状态". 反馈速度 ;
ELSE
    "DB_ 变位机命令". 伺服指令:=16#0000;// 伺服下使能
END_IF;
```

需注意的是：工业机器人端所发送的位置（负载位移）参数，需将负载位移的参数通过 PLC 计算出变位机所需脉冲量。计算公式：目标位置 = 定位位置 /（电机轴单圈角度 / 减速比）× 单圈脉冲当量。例如工业机器人控制变位机翻转 20°时，可通过运算得出实际伺服脉冲的值：单圈角度（360）/ 减速比（50∶1）=7.2（一圈的值），目标位置（20）/7.2× 单圈脉冲角度（131072）=364088（实际翻转的脉冲值）。

2.3.8　工业机器人对变位机控制测试

微课
工业机器人对变位机控制测试

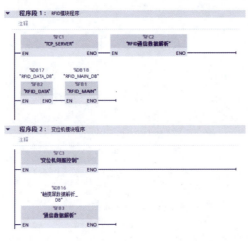

图 2-29　PLC 端的 Main 主程序

基于前面任务基础，在 Main 主程序中，添加"变位机伺服控制"和"通信数据解析"程序，如图 2-29 所示。

将程序下载至 PLC，然后在工业机器人示教盒数值寄存器界面上将"turn sys sta out"变量赋值为 3（伺服上电），"turn pos sta out"赋值为 –20（翻转角度），"turn spd out"赋值为 100（运行速度），查看变位机是否按照预定方式运行。

R［91:turn sys sta out］=3　　　　// 伺服上电

R［92:turn spd out］=100　　　　// 运行速度为 100

R［93:turn pos sta out］=-20　　// 翻转角度为 -20°

拓展练习 2.3

任务 2.4　基于 RFID 的电机装配追溯

任务提出

教学课件
任务 2.4

现有某工厂生产电机产品,该电机产品生产过程共分为三个阶段,分别是毛坯、半成品和成品,如图 2-30 所示。

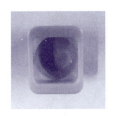

(a) 毛坯　　　　(b) 半成品　　　　(c) 成品

图 2-30　生产过程三个阶段

微课
基于 RFID 的
电机装配追溯

工厂生产人员在自检电机产品时,根据不同的电机产品情况,在 RFID 模块中录入了不同的装配信息,并以随机形式放置在立体库模块,通过工业机器人从立体库模块取料,在 RFID 模块芯片区追溯电机产品装配信息,根据芯片所获取的装配信息,进行不同阶段的电机产品装配,将装配的电机成品进行入库。

本任务将基于 RFID 的电机装配追溯,实现上述工厂需求。通过编写 PLC 程序,对产品追溯 HMI(人机界面)进行设计,并录入不同的电机产品信息;编写电机装配追溯程序,实现对电机产品装配追溯过程,同时可在 HMI 上查看相应的状态信息,从而使生产人员能及时进行流程处理以及库存管理。本任务的主要内容包括:

1. HMI 数据处理;

2. 产品追溯 HMI 设计;

3. 手动录入工序信息;

4. 电机装配追溯应用编程。

知识准备

2.4.1　产品追溯概念

产品追溯是将当前先进的物联网技术、自动控制技术、自动识别技术、互联网技术综合利用,通过专业的机器设备对单件产品赋予唯一的追溯码作为防伪身份证,实现"一物一码",然后可对产品的生产、仓储、分销、物流运输、市场稽查、销售终端等各个环节采集数据并追踪,构成产品的生产、仓储、销售、流通和服务的一个全生命周期管理,如图2-31所示。

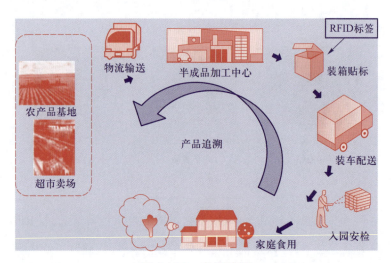

图 2-31　产品追溯

追溯码的构成一般涵盖贯穿生产全过程的信息,如产品类别、生产日期、有效期、批号等。在产品生产过程中,它可以让你追溯到哪个零件被安装于成品中,产生了哪些需要控制的关键参数,是否都合格等。当产品发生质量事故时,可以知道具体是哪些产品发生了问题及这个问题产品的批次、生产日期、生产车间、具体的负责人,并可只针对有问题的产品进行召回。

溯源技术大致分为三种:一种是RFID技术,在产品包装上加贴一个带芯片的标识,产品进出仓库和运输时就可以自动采集和读取相关的信息,产品的流向都可以记录在芯片上;第二种是二维码技术,消费者只要通过带摄像头的移动终端扫描二维码,就能查询到产品的相关信息,查询的记录都会保留在系统内,一旦产品需要召回就可以直接发送短信给消费者,实现精准召回;还有一种是条码技术,可在条码上加上产品批次信息(如生产日期、生产时间、批号等)。

2.4.2 基于 RFID 的电机装配追溯流程

基于 RFID 的工业机器人电机装配追溯流程如图 2-32 所示。

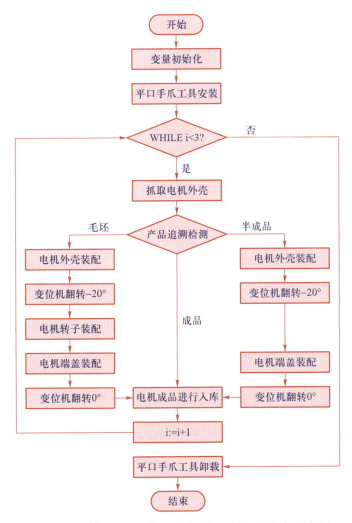

图 2-32 基于 RFID 的工业机器人电机装配追溯流程

基于 RFID 的电机装配追溯整个流程为:工业机器人安装平口手爪工具,从立体库模块抓取电机外壳,然后在 RFID 模块芯片上进行产品追溯,其中产品追溯结果分为毛坯、半成品、成品三个装配状态。

根据产品追溯结果进行相应流程的处理。如果电机产品需装配,将电机产品放置在变位机装配模块上,然后变位机面向工业机器人一侧翻转 -20°,进行电机产品装配,工业机器人完成电机产品装配后,变位机再回到 0° 水平位置,工业机器人将电机成品入库。反之,如果电机产品不需装配,工业机器人将电机产品进行入库处理。

依次循环完成其他电机外壳产品追溯及入库管理。最后工业机器人卸载平口手爪工具,回到安全原点,流程结束。

通过上述流程分析,工业机器人电机装配追溯相关程序结构及其功能描述如表 2-18 所示。

表 2-18　工业机器人电机装配追溯程序结构及其功能描述

序号	程序名称	说明
1	Main	主程序
2	Stack_Pick	电机外壳抓取程序
3	Rotor_Pick	电机转子抓取程序
4	Cover_Pick	电机端盖抓取程序
5	Motor_Assembly	电机外壳装配程序
6	Part_Assembly	电机部件装配程序
7	Assembly_Pick	电机产品抓取程序
8	Rfid_Ascend	电机产品追溯程序
9	Sorting_Color	电机产品分拣程序
10	Put_Storage	电机产品入库程序
11	Qu_GongJu	平口手爪工具安装程序
12	Fang_GongJu	平口手爪工具卸载程序

任务实施

2.4.3　HMI 数据解析

微课
HMI 数据解析

HMI(人机界面)数据处理是基于工业机器人应用编程系统里所提供的接口,进行 RFID 芯片数据解析,从而满足 HMI 设计及数据处理,实现如图 2-33 所示HMI 数据对象,其具体操作步骤如下。

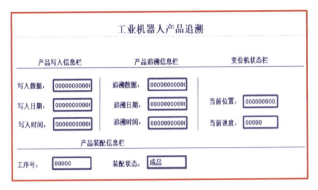

图 2-33　HMI 数据对象

① 打开"RFID_DATA"程序块,在背景数据块中,分别添加"写入信息数据"和"追溯信息数据",且数据类型都为"Struct"(结构体型),如图 2-34 所示。

Static	
▶ 写入信息数据	Struct
▶ 追溯信息数据	Struct

图 2-34　背景数据块

② 在"写入信息数据"中添加"写入者""写入日期""写入时间"3 个参数,都为数组字符,范围值为 0~26(实际 HMI 所需长度)。

同理,在"追溯信息数据"中,添加"追溯者""追溯日期""追溯时间"3 个参数,同样都为数组字符,范围值也为 0~26,如图 2-35 所示。

③ 创建"显示写入数据"和"显示追溯数据"结构体,从中添加"显示数据""显示日期""显示时间"3 个对象,以及"追溯数据""追溯日期""追溯时间"3 个对象,其数据类型都为"String",如图 2-36 所示。

▼ Static	
▼ 写入信息数据	Struct
▶ 写入者	Array[0..8] of Char
▶ 写入日期	Array[9..18] of Char
▶ 写入时间	Array[19..26] of Char
▼ 追溯信息数据	Struct
▶ 追溯者	Array[0..8] of Char
▶ 追溯日期	Array[9..18] of Char
▶ 追溯时间	Array[19..26] of Char

图 2-35　写入和追溯字符参数

▼ 显示写入数据	Struct
显示数据	String
显示日期	String
显示时间	String
<新增>	
▼ 显示追溯数据	Struct
追溯数据	String
追溯日期	String
追溯时间	String

图 2-36　写入和追溯字符串参数

④ 编写 RFID 写入数据解析程序,将工业机器人发送给 PLC 的 RFID 写入数据进行解析,并赋值给"写入信息数据"中的"写入者""写入日期""写入时间"3 个对象。RFID 写入数据解析程序如下。

```
//注意：由于 RFID 芯片数值是以数组形式存放，这里需将每一截数值给截取出来，用于在
//HMI 指定对象中显示相应的数据
//RFID 写入数据
    FOR #i:= 0 TO 8 DO
      "DATA".Write[# 写入起始位 + #i]:=#Step_WriteInfo_Byte[#i];
      # 写入信息数据 . 写入者 [#i]:=#Step_WriteInfo_Byte[#i];
    END_FOR;
//RFID 写入日期
    FOR #i:= 9 TO 18 DO
      "DATA".Write[# 写入起始位 + #i]:=#Step_WriteInfo_Byte[#i];
      # 写入信息数据 . 写入日期 [#i]:=#Step_WriteInfo_Byte[#i];
    END_FOR;
//RFID 写入时间
    FOR #i:= 19 TO 26 DO
      "DATA".Write[# 写入起始位 + #i]:=#Step_WriteInfo_Byte[#i];
      # 写入信息数据 . 写入时间 [#i]:=#Step_WriteInfo_Byte[#i];
    END_FOR;
// 向芯片数据写入"|"分割符
    "DATA".Write[# 写入起始位 + 27]:="DB_RB_CMD".RB_SD_CMD.RFID 待写入信
息 [27];
```

⑤ 编写 RFID 追溯数据解析程序，将 PLC 读取到的 RFID 数据进行解析，并赋值给"追溯信息数据"中的"追溯者""追溯日期""追溯时间"3 个对象。

本任务的电机产品分为 3 种颜色，分别是红、黄、蓝。这 3 种颜色代表电机产品 3 种不同的装配状态。在下述追溯产品的装配状态中，以"RED""YELLOW""BLUE"代表电机产品的不同装配状态，其字母必须大写，这是因为 FANUC 工业机器人系统默认为只读大写字母。如果字母不足 9 的长度，则用"*"补足长度。

RFID 追溯数据解析程序如下。

```
//注意：由于 RFID 芯片数值是以数组形式存放，这里需将每一截数值给截取出来，用于在
//HMI 指定对象中显示相应的数据
//RFID 追溯数据
    FOR #i:= 0 TO 8 DO
      #Step_ReadInfo_Byte [#i]:="DATA".Read [# 读取起始位 + #i];
      # 追溯信息数据 . 追溯者 [#i]:="DATA".Read [# 读取起始位 + #i];
// 追溯产品的装配状态
      IF # 追溯信息数据 . 追溯者 [#i]='RED******' THEN
        "DB_PLC_STATUS".PLC_Status.PLC 自定义数据 [0]:=3;
      ELSIF # 追溯信息数据 . 追溯者 [#i]='YELLOW***' THEN
```

```
        "DB_PLC_STATUS".PLC_Status.PLC 自定义数据[0]:= 2;
    ELSIF # 追溯信息数据. 追溯者[#i]= 'BLUE*****' THEN
        "DB_PLC_STATUS".PLC_Status.PLC 自定义数据[0]:= 1;
    ELSE
        "DB_PLC_STATUS".PLC_Status.PLC 自定义数据[0]:= 0;
    END_IF;
END_FOR;
//RFID 追溯日期
  FOR #i:= 9 TO 18 DO
    #Step_ReadInfo_Byte[#i]:="DATA".Read[# 读取起始位 + #i];
    # 追溯信息数据. 追溯日期[#i]:="DATA".Read[# 读取起始位 + #i];
END_FOR;
//RFID 追溯时间
  FOR #i:= 19 TO 26 DO
    #Step_ReadInfo_Byte[#i]:="DATA".Read[# 读取起始位 + #i];
    # 追溯信息数据. 追溯时间[#i]:="DATA".Read[# 读取起始位 + #i];
END_FOR;
// 向芯片数据追溯"|"分割符
    "DB_PLC_STATUS".PLC_Status.RFID 读取信息[27]:="DATA".Read[# 读取起始
    位 + 27];
```

⑥ 编写 HMI 写入数据解析程序,因为目前 HMI 上不支持字符类型,因此需在程序里对字符进行转换处理,程序如下。

```
// 字符型转换成字符串
Chars_TO_Strg(Chars:=# 写入信息数据. 写入者,
                pChars:=0,
                Cnt:=0,
                Strg=># 显示写入数据. 显示写数据);
Chars_TO_Strg(Chars:= # 写入信息数据. 写入日期,
                pChars:= 0,
                Cnt:= 0,
                Strg => # 显示写入数据. 显示写日期);
Chars_TO_Strg(Chars:= # 写入信息数据. 写入时间,
                pChars:= 0,
                Cnt:= 0,
                Strg => # 显示写入数据. 显示写时间);
```

⑦ 同理，编写 HMI 追溯数据解析程序，程序如下。

```
// 字符型转换成字符串
Chars_TO_Strg(Chars:=# 追溯信息数据 . 追溯者,
                    pChars:=0,
                    Cnt:=0,
                    Strg=># 显示追溯数据 . 追溯写数据);
Chars_TO_Strg(Chars:= # 追溯信息数据 . 追溯日期,
                    pChars:= 0,
                    Cnt:= 0,
                    Strg => # 显示追溯数据 . 追溯写日期);
Chars_TO_Strg(Chars:= # 追溯信息数据 . 追溯时间,
                    pChars:= 0,
                    Cnt:= 0,
                    Strg => # 显示追溯数据 . 追溯写时间);
```

⑧ Main 主程序中包括"TCP_SERVERS""通信数据解析""RFID_DATA"和
"RFID_MAIN"4 个程序块，如图 2-37 所示。

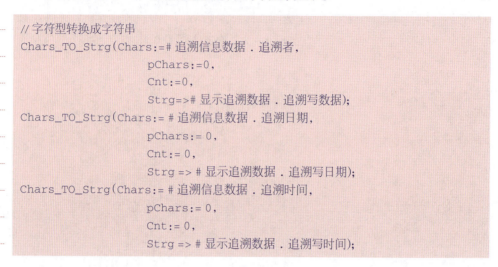
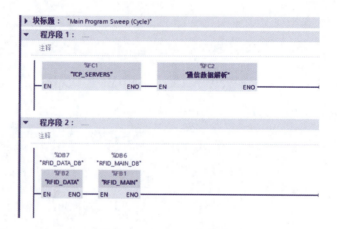

图 2-37 Main 主程序

2.4.4 产品追溯 HMI 设计

产品追溯 HMI 设计的目的是便于用户及时掌握电机装配流程动态数据信息，从而可根据工艺流程情况制定不同的解决方案。其中 HMI 所包含的主要信息有数据、日期、时间、装配状态等，具体操作步骤如下。

操作步骤	操作说明	示意图
1	从工具箱中添加"文本""直线""I/O 域""符号 I/O 域"对象,并将参考示意图布局好	
2	在 HMI 变量中新建"产品追溯变量",从 PLC 端添加如右图所示变量参数	
3	在 HMI 变量中新建"变位机状态变量",从 PLC 端添加如右图所示变量参数	
4	这里以"写入数据"I/O 域为例绑定对象。选中"写入数据"对象,将其属性中"常规"下的"过程"→"变量"设为"RFID_DATA_DB_ 显示写入数据 _ 显示数据"。同理完成"写入日期"和"写入时间"两个对象 I/O 域属性设定	
5	参照上述方法,将"追溯数据""追溯日期"和"追溯时间"对象 I/O 域属性设定好	
6	设定产品装配信息栏中的两个对象属性,先设定"工序号"对象 I/O 域属性	
7	添加"DATA_ 工序号"对象	
8	设定"装配状态"对象 I/O 域时需要进行文本的设定,否则无法在里面显示所需要的信息。从"HMI"设备中选择"文本和图形列表"对象,从"文本列表"添加"装配状态"对象	

操作步骤	操作说明	示意图
9	设定"装配状态",选择"值/范围",而"文本列表条目"包含成品、半成品和毛坯,其按"值"顺序排序	
10	选中"装配状态"对象 I/O 域属性,其过程变量为"DATA_装配状态"对象	
11	同理,在"装配状态"对象 I/O 域属性的"常规"下添加"文本列表"对象为"装配状态","可见条目"设为 3	
12	设定"变位机状态栏"中的两个对象属性	
13	"当前位置"设为"DB_PLC_STATUS_PLC_Status_变位机当前位置"对象	
14	"当前速度"设为"DB_变位机命令_目标速度"对象	

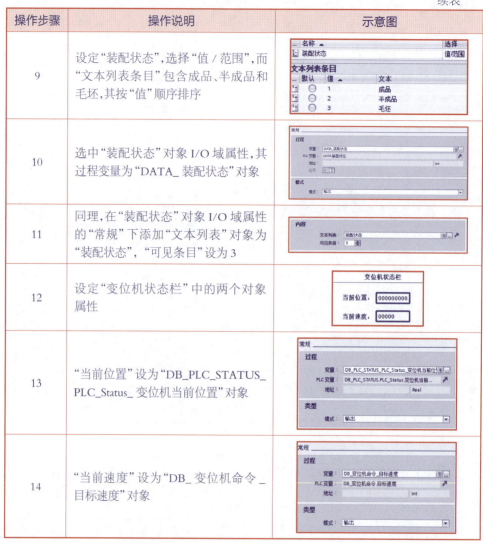

接下来,将所编写的 PLC 程序以及 HMI 设备程序全部下载到实际设备中。可见实际设备西门子 TP700 Comfort 上的产品追溯界面,如图 2-38 所示。

图 2-38　产品追溯界面

2.4.5 手动录入工件信息

通过工业机器人系统中提供的 RFID 接口,将工序信息以不同的装配过程写入 RFID 芯片中,其装配过程分为毛坯(红)、半成品(黄)、成品(蓝)三个阶段,如表 2-19 所示。

表 2-19 录入工序信息

示意图	录入示意图
毛坯	R[97:RFID sys sta out]=10 R[98:proc step out]=3 SR[4:RFID command out]=RED 录入毛坯
半成品	R[97:RFID sys sta out]=10 R[98:proc step out]=2 SR[4:RFID command out]=YELLOW 录入半成品
成品	R[97:RFID sys sta out]=10 R[98:proc step out]=1 SR[4:RFID command out]=BLUE 录入成品

因为 FANUC 工业机器人系统对字母只识别大写,因此在手动录入工件信息时,其写入的字母数据必须为大写。

需注意的是:每录入一个产品工序,对应一个装配状态,如表 2-20 所示。

表 2-20 录入工序号及说明

序号	接口	指令	工序号	工序说明
1	RFID sys sta out	10	3	(红)毛坯
2			2	(黄)半成品
3			1	(蓝)成品
4	proc step in	11	无	写入成功
5	RFID command out	RED	无	3 工序标签数据
		YELLOW		2 工序标签数据
		BLUE		1 工序标签数据

在手动录入工序信息过程中,向芯片写入 3 次数据,每次写入芯片的数据信息可在 HMI 产品追溯界面查看,如图 2-39 所示。HMI 显示数据以实际写入的参数为准,仅供参考。

产品写入信息		产品追溯信息	
写入数据	Red******	追溯数据	
写入日期	2020-06-03	追溯日期	
写入时间	15:55:42	追溯时间	
产品装配信息			
工序号:	3	装配状态	毛坯

(a) 电机外壳

产品写入信息		产品追溯信息	
写入数据	Yellow****	追溯数据	
写入日期	2020-06-03	追溯日期	
写入时间	15:58:32	追溯时间	
产品装配信息			
工序号:	2	装配状态	半成品

(b) 电机外壳+转子

产品写入信息		产品追溯信息	
写入数据	Blue*****	追溯数据	
写入日期	2020-06-03	追溯日期	
写入时间	16:00:09	追溯时间	
产品装配信息			
工序号:	1	装配状态	成品

(c) 电机外壳+转子+端盖

图 2-39　HMI 显示数据

手动写入工序信息完成后,分别将 3 个(红、黄、蓝)电机外壳随机放置在立体库模块,如图 2-40(a)所示,将 3 个电机转子和端盖(红、黄、蓝)顺序放置在电机搬运模块,如图 2-40(b)所示。

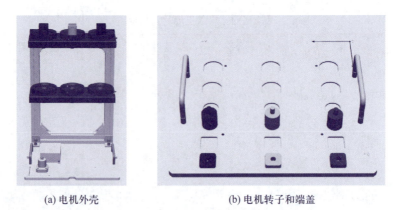

(a) 电机外壳　　　　　(b) 电机转子和端盖

图 2-40　放置电机部件

2.4.6 电机装配追溯应用编程

1. 关键目标点示教

工业机器人基于 RFID 的电机装配追溯程序的关键目标点包括平口手爪工具取放点、电机外壳抓取点、电机转子抓取点、电机端盖抓取点、RFID 芯片检测点、工件装配点、装配体取放点、成品入库点、原点、装配到位点、工具到位点和取放偏移点。

关键目标点定义及其说明如表 2-21 所示。

表 2-21　关键目标点定义及其说明

序号	目标点	存储类型	获取方式	说明
1	Stack_MotorBase	位置寄存器	示教	立体库模块电机外壳抓取点
2	RFID_Pos	位置寄存器	示教	在 RFID 模块的产品追溯点
3	Assembly_Pos	位置寄存器	示教	在装配模块上的电机外壳装配点及电机成品抓取点共用
4	Rotor_Base	位置寄存器	示教	电机搬运模块电机转子抓取点
5	Part_Asy	位置寄存器	示教	电机转子、端盖工件装配点
6	Cover_Base	位置寄存器	示教	电机搬运模块电机端盖抓取点
7	Storage	位置寄存器	示教	立体库模块成品入库点
8	Tool_InPlace	位置寄存器	直接输入	工具到位点,J1~J6:[−90,−20,0,0,90,0]
9	Assembly_InPlace	位置寄存器	直接输入	装配到位点,J1~J6:[90,−20,0,0,90,0]
10	Home	位置寄存器	直接输入	原点,J1~J6:[0,−20,0,0,90,0]
11	TempPos	位置寄存器	未知	临时位置寄存器,取放偏移点

平口手爪工具取放点、立体库模块电机外壳抓取点、产品追溯点、电机转子抓取点、工件装配点、电机成品入库点等关键目标点示教示意图如图 2-41 所示。

2. 主程序设计

基于 RFID 的电机装配追溯主程序及其说明如表 2-22 所示。

(a) Stack_MotorBase

(b) RFID_Pos

(c) Assembly_Pos

(d) Rotor_Base

(e) Part_Asy

(f) Cover_Base

(g) Storage

图 2-41 关键目标位置示教示意图

表 2-22 电机装配追溯主程序及其说明

行号	程序	程序说明
1	R[4:I]=0	I 变量复位
2	CALL QU_GONGJU	调用平口手爪工具安装程序
3	FOR R[4:I]=1 TO 3	进入 While 循环,并且 I<3
4	CALL STACK_PICK	调用电机外壳抓取程序
5	CALL RFID_ASCEND	调用电机产品追溯程序
6	CALL SORTING_COLOR	调用电机产品分拣程序
7	IF (R[3:ProductStatus]=3) THEN	生产状态等于 3 时,生产毛坯配件
8	CALL MOTOR_ASSEMBLY	调用电机外壳装配程序
9	CALL ROTOR_PICK	调用电机转子抓取程序
10	CALL PART_ASSEMBLY	调用电机部件装配程序
11	CALL COVER_PICK	调用电机端盖抓取程序
12	CALL PART_ASSEMBLY	调用电机部件装配程序
13	CALL ASSEMBLY_PICK	调用电机产品抓取程序
14	ENDIF	IF 判断结束
15	IF (R[3:ProductStatus]=2) THEN	生产状态等于 2 时,生产半成品
16	CALL MOTOR_ASSEMBLY	调用电机外壳装配程序

行号	程序	程序说明
17	CALL ASSEMBLY_PICK	调用电机端盖抓取程序
18	CALL PART_ASSEMBLY	调用电机部件装配程序
19	CALL ASSEMBLY_PICK	调用电机产品抓取程序
20	ENDIF	IF 判断结束
21	CALL PUT_STORAGE	调用电机成品入库程序
22	ENDFOR	FOR 循环结束
23	CALL FANG_GONGJU	调用平口手爪工具卸载程序

在 Main 主程序结构中会调用电机产品追溯程序（RFID_ASCEND）以及电机产品分拣程序（SORTING_COLOR），下面将详细说明其编写方法。

（1）电机产品追溯程序（RFID_ASCEND）

从立体库模块抓取电机外壳，运行至 RFID 模块上方进行电机外壳产品数据追溯，并根据电机外壳装配信息做相应工艺流程处理，其中包含生产产品状态、产品分拣处理。RFID_ASCEND 程序及其说明如表 2-23 所示。

表 2-23 RFID_ASCEND 程序及其说明

行号	程序	程序说明
1	J PR[1:Home] 100% FINE	运行到原点
2	J PR[2:RFID_Trans] 100% FINE	RFID 过渡点
3	L PR[3:RFID_Pos]100mm/sec FINEOffset,PR[4:Offs]	偏移 100 mm
4	L PR[3:RFID_Pos] 100mm/sec FINE	运行到 RFID 点
5	R[1:N]=0	N 变量赋值为 3
6	FOR R[1:N]=1 TO 3	进入循环体
7	R[98:proc step out]=R[1:N]	N 的值赋值给工序号
8	R[97:RFID sys sta out]=20	追溯命令
9	WAIT R[57:RFID sys sta in]=21	等待追溯完成状态
10	R[97:RFID sys sta out]=0	追溯命令清零
11	WAIT .10(sec)	等待 0.1s
12	IF(R[21:user int[01] in]=3)THEN	如果追溯数据为 RED
13	R[2:ProductColor]=3	生产毛坯
14	JMP LBL[1]	跳转至标签
15	ENDIF	IF 判断结束
16	IF(R[21:user int[01] in]=2)THEN	如果追溯数据为 YELLOW
17	R[2:ProductColor]=2	生产半成品
18	JMP LBL[1]	跳转至标签
19	ENDIF	IF 判断结束
20	IF(R[21:user int[01] in]=1)THEN	如果追溯数据为 BLUE
21	R[2:ProductColor]=1	生产成品

行号	程序	程序说明
22	JMP LBL[1]	跳转至标签
23	ENDIF	IF 判断结束
24	ENDFOR	循环体结束
25	LBL[1]	运行标签处
26	LPR[3:RFID_Pos]100mm/secFINEOffset,PR[4:Offs]	偏移 100mm
27	J PR[2:RFID_Trans] 100% FINE	RFID 过渡点
28	J PR[1:Home] 100% FINE	运行到原点

（2）电机产品分拣程序（SORTING_COLOR）

根据产品所追溯到数据信息，做相应流程装配。如果检测到需要生产毛坯，则进行毛坯所需部件装配；如果检测到需要生产半成品，则进行半成品所需部件装配；如果检测到需要生产成品，则进行成品所需部件装配。SORTING_COLOR 程序及其说明如表 2-24 所示。

表 2-24　SORTING_COLOR 程序及其说明

行号	程序	程序说明
1	IF (R[2:ProductColor]=3) THEN	如果需生产毛坯
2	PR[6:Pick_Rotor]=PR[5:Rotor_Base]	抓取电机搬运模块上第一行转子配件
3	PR[8:Pick_Cover]=PR[7:Cover_Base]	抓取电机搬运模块上第一行端盖配件
4	ENDIF	IF 判断结束
5	IF (R[2:ProductColor]=2) THEN	如果需生产半成品
6	PR[6:Pick_Rotor]=PR[5:Rotor_Base]	将电机转子原点赋值给 Pick_Rotor 对象
7	PR[6,2:Pick_Rotor]=PR[6,2:Pick_Rotor]-R[5:75]	基于原点 Y 负方向偏移 75mm
8	PR[8:Pick_Cover]=PR[7:Cover_Base]	将电机端盖原点赋值给 Pick_Rotor 对象
9	PR[8,2:Pick_Cover]=PR[8,2:Pick_Cover]-R[5:75]	基于原点 Y 负方向偏移 75mm
10	ENDIF	IF 判断结束
11	IF (R[2:ProductColor]=1) THEN	如果需生产成品
12	PR[6:Pick_Rotor]=PR[5:Rotor_Base]	将电机转子原点赋值给 Pick_Rotor 对象
13	PR[6,2:Pick_Rotor]=PR[6,2:Pick_Rotor]-R[6:150]	基于原点 Y 负方向偏移 150mm
14	PR[8:Pick_Cover]=PR[7:Cover_Base]	将电机端盖原点赋值给 Pick_Rotor 对象

行号	程序	程序说明
15	PR[8,2:Pick_Cover]=PR[8,2:Pick_Cover]-R[6:150]	基于原点 Y 负方向偏移 150mm
16	ENDIF	IF 判断结束

参考 2.3.2 节基于 RFID 的电机装配追溯流程完成其他子程序编写,调试 Main 主程序,在程序运行过程中,可在 HMI 上查看产品生产状态,如图 2-42 所示。

(a) 毛坯　　　　　　　　　　　　　　　　(b) 半成品

(c) 成品

图 2-42　HMI 追溯数据

当电机外壳产品在装配模块上装配时,也可以在 HMI 上实时查看变位机当前位置及当前速度状态信息,如图 2-43 所示。

(a) 变位机翻转-20°　　　　　　　(b) 变位机水平位置

图 2-43　变位机运行数据

拓展练习 2.4

项 目 拓 展

依次将 2 个红色电机外壳、2 个蓝色电机外壳和 2 个黄色电机外壳 RFID 数据分别写入表 2-25。数据写入完成后，随机将 6 个电机外壳放在立体库模块 6 个仓位中，如图 2-44(a) 所示。利用工业机器人逐个对工件进行 RFID 数据追溯，并按照第一列为红色、第二列为黄色、第三列为蓝色进行自动整理，如图 2-44(b) 所示。

(a) 电机随机摆放示例位置

(b) 识别整理后的位置

图 2-44 电机 RFID 读写与整理位置图

表 2-25 电机外壳写入数据表

工件序号	数据名称	命令	说明
红色电机外壳 1	RFID sys sta out	10	数据写入命令
	proc step out	1	写入工序号
	RFID command out	RED_01	写入工序数据
红色电机外壳 2	RFID sys sta out	10	数据写入命令
	proc step out	2	写入工序号
	RFID command out	RED_02	写入工序数据
黄色电机外壳 1	RFID sys sta out	10	数据写入命令
	proc step out	1	写入工序号
	RFID command out	YELLOW_01	写入工序数据
黄色电机外壳 2	RFID sys sta out	10	数据写入命令
	proc step out	2	写入工序号
	RFID command out	YELLOW_02	写入工序数据
蓝色电机外壳 1	RFID sys sta out	10	数据写入命令
	proc step out	2	写入工序号
	RFID command out	BLUE_02	写入工序数据
蓝色电机外壳 2	RFID sys sta out	10	数据写入命令
	proc step out	3	写入工序号
	RFID command out	BLUE_03	写入工序数据

在录入相同电机外壳颜色或多个产品时，为了确保每一个电机外壳产品标识数据是唯一的，可在录入产品工序(数据)之前，先对产品进行初始化(清零)操作，确保无数据后，再录入唯一标识数据。

项目三　工业机器人视觉定位应用编程

证书技能要求

工业机器人应用编程证书技能要求(中级)	
1.3.3	能够根据操作手册调试焊接、打磨、雕刻等工业机器人系统的外部设备
2.1.1	能够根据工作任务要求,利用扩展的数字量I/O信号对供料、输送等典型单元进行工业机器人应用编程
2.2.3	能够根据工作任务要求,使用平移、旋转等方式完成程序变换
2.2.4	能够根据工作任务要求,使用多任务方式编制工业机器人程序
2.3.2	能够根据工作任务要求,编制工业机器人结合机器视觉等智能传感器的应用程序
2.4.3	能够根据工艺流程调整要求及程序运行结果,对多工艺流程的工业机器人系统的综合应用程序进行调整和优化

项目引入

　　视觉能够赋予工业机器人"看"的能力,视觉感知与控制理论往往与视觉处理紧密结合,实现用于工业智能制造中的实际检测、测量、识别、分类、分拣等自动化工作。

　　视觉系统是指通过机器视觉设备即图像摄取装置,将被拍摄的目标转化为图像信息。视觉检测就是用机器来代替人的眼睛做一些判断和测量的工作。视觉检测在工业生产中的应用越来越广泛,尤其是在许多工业产品的装配过程中,视觉检测已成为必不可少的关键环节。机器视觉系统与工业机器人结合,赋予工业机器人更强的智能性,极大地拓展了工业机器人的应用广度与深度,也使得自动化生产更加灵活柔性,产品质量更加稳定,更加高效。

本项目包括视觉检测模块安装调试、输出法兰形状与位置识别、PLC与相机通信编程和基于视觉定位的关节装配四个子任务。通过四个子任务的学习和训练，熟悉视觉检测模块的安装与接线，掌握相机参数设置与调试、工件形状识别、PLC与相机通信编程，实现工业机器人控制相机拍照，相机识别工件形状，并返回图像处理数据，最终完成基于视觉定位的关节装配。

知识目标

1. 了解工业视觉系统的定义、组成、主要参数和典型应用；
2. 了解相机编程软件 Insight-explorer；
3. 熟悉相机基本参数（焦距、图像亮度、曝光等）；
4. 了解视觉系统的形状识别及其方法；
5. 掌握康耐视相机与 PLC 的通信方式；
6. 掌握康耐视相机 Profinet 通信接口及其功能；
7. 掌握基于视觉的工件抓取定位方法；
8. 熟悉基于视觉定位的关节装配流程；
9. 掌握基于视觉定位的关节装配应用程序设计。

能力目标

1. 能够正确安装和连接视觉检测模块；
2. 能够正确设置和调试相机参数；
3. 能够利用相机编程软件完成输出法兰形状学习；
4. 能够利用相机正确识别输出法兰及其位置、角度信息；
5. 能够正确设置相机通信参数及输出数据；
6. 能够正确完成 PLC 与相机的组态及通信编程；
7. 能够通过工业机器人控制相机拍照，并获取相机数据；
8. 能够设计基于视觉定位的关节装配流程；

9. 能够利用相机识别工件类型(减速器和输出法兰);

10. 能够利用相机反馈的角度数据,正确完成输出法兰的抓取和装配;

11. 能够编写工业机器人程序,正确完成关节装配综合应用。

 学习导图

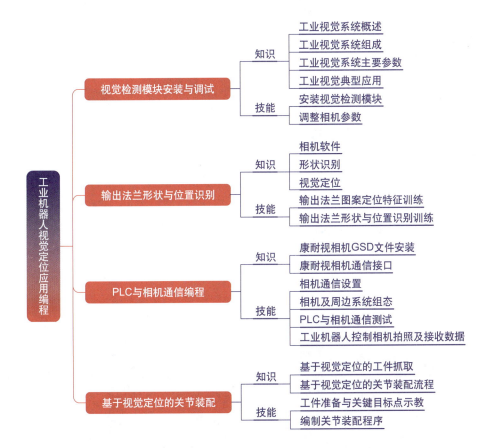

实训平台	FANUC工业机器人	快换装置模块	旋转供料模块
立体库模块	上料模块	变位机模块	输送模块
装配模块	视觉检测模块		

快换装置模块

立体库模块

上料模块

输送模块

旋转供料模块

变位机模块

装配模块

视觉检测模块

任务 3.1　视觉检测模块安装与调试

任务提出

一个典型的基于 PC 的工业视觉系统包括工业相机与工业镜头、光源、传感器、图像采集卡、PC、视觉处理软件和控制单元七个部分，各个部分之间相互配合，最终完成工业视觉应用。

本任务以康耐视相机为例，通过对工业视觉系统基础知识、视觉检测模块安装和相机参数调试的学习，将视觉检测模块安装到工业机器人视觉定位工作站的指定位置，配置并调试相机参数，实现相机拍照，获得清晰的图像。

本任务主要包括以下内容：

1. 了解工业视觉系统定义、组成和应用等基本理论知识；

2. 安装视觉检测模块，连接视觉检测模块电源线和通信线；

3. 配置并调试工业相机，获取清晰图像。

教学课件
任务 3.1

微课
视觉检测模块
安装与调试

知识准备

3.1.1　工业视觉系统概述

工业视觉系统是用于自动检验、工件加工和装配自动化以及生产过程的控制和监视的图像识别机器。工业视觉系统的图像识别过程是按任务需要从原始图像数据中提取有关信息，高度概括地描述图像内容，以便对图像的某些内容加以解释和判断，图 3-1 所示为包装盒视觉检测应用，图 3-2 所示为螺钉位置检测应用。

工业视觉系统通过图像采集硬件（相机、镜头、光源等）将被摄取目标转换成图像信号，并传送给专用的图像处理系统。图像处理系统根据像素亮度、颜色分布等信息，对目标进行特征抽取，并做相应的判断，进而根据结果来控制现场的设备。工业视觉系统综合了光学、机械、电子及计算机技术，涉及图像处理、模式识别、人工智能、光机电一体化等多个学科领域。

微课
工业视觉系统
概述

图 3-1　包装盒视觉检测应用

图 3-2　螺钉位置检测应用

工业视觉系统具有高效率、高柔性、高自动化等特点。在大批量工业生产过程中，如果用人工视觉检查产品质量，往往效率低且精度不高，用工业视觉检测可以大幅度提高检测效率和生产的自动化程度；同时，在一些不适合人工作业的危险工作环境或人眼难以满足要求的场合中，也常用工业视觉来替代人眼，如核电站监控、晶圆缺陷检测；而且，工业视觉易于实现信息集成，是实现计算机集成制造的基础技术之一。正是由于工业视觉系统可以快速获取大量信息，而且易于自动处理及信息集成，因此，在现代自动化生产过程中，人们将工业视觉系统广泛地应用于装配定位、产品质量检测、产品识别、产品尺寸测量等方面。人类视觉和机器视觉特点比较如表 3-1 所示。

表 3-1　人类视觉和机器视觉特点比较

项目	人类视觉	机器视觉
适应性	适应性强，可在复杂及变化环境识别目标	适应性差，容易受复杂背景及环境变化影响
智能	具有高级智能，可运用逻辑分析及推理能力识别变化的目标，并能总结规律	虽然可利用人工智能及神经网络技术，但智能很差，不能很好地识别变化的目标
彩色识别能力	对色彩的分辨能力强，但容易受人的心理影响，不能量化	受硬件条件的制约，一般的图像采集系统对色彩的分辨能力较差，但具有可量化的优点
灰度分辨力	差，一般只能分辨 64 个灰度级	强，目前一般使用 256 个灰度级，采集系统可具有 10 bit、12 bit、16 bit 等灰度级
空间分辨力	分辨率较差，不能观看微小的目标	目前有 4 k×4 k 的面阵摄像机和 8 k 的线性阵列摄像机，通过配置各种光学镜头，可以观测小到微米、大到天体的目标
速度	0.1 s 的视觉暂留效应使人眼无法看清较快速运动的目标	快门时间可达到 10 μs 左右，高速相机帧率可达到 1 000 以上，处理器的速度越来越快

项目	人类视觉	机器视觉
感光范围	400~750 nm 范围的可见光	从紫外到红外的较宽光谱范围,另外有 X 光等特殊摄像机
环境要求	对环境的适应性差	对环境的适应性强
观测精度	精度低,无法量化	精度高,可到微米级,易量化
其他	主观性,受心理影响,易疲劳	客观性,可连续工作

3.1.2　工业视觉系统组成

人的视觉系统由眼球、神经系统及大脑的视觉中枢构成。工业视觉系统则由图像采集系统、图像处理系统及信息综合分析处理系统构成。工业视觉系统广泛运用于仪表板智能集成测试、金属板表面自动探伤、汽车车身检测、纸币印刷质量检测、智能交通管理、金相分析、医学成像分析、流水线生产检测等。

微课
工业视觉系统
组成

一个典型的基于 PC 的工业视觉系统包括工业相机与工业镜头、光源、传感器、图像采集卡、PC、视觉处理软件和控制单元七个部分。各个部分之间相互配合,最终完成检测要求。基于 PC 的工业视觉系统组成如图 3-3 所示。

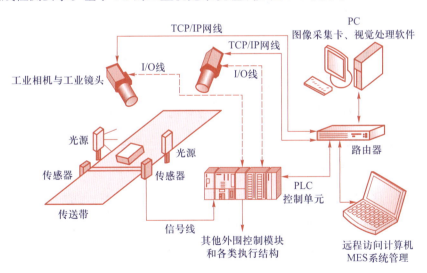

图 3-3　工业视觉系统组成

1. 工业相机与工业镜头

工业相机与工业镜头属于成像器件,通常的视觉系统都由一套或者多套这样的成像系统组成,如果有多路相机,可能由图像采集卡切换来获取图像数据,也可

能由同步控制同时获取多相机通道的数据。根据应用的需要,相机可能输出标准的单色视频(RS-170/CCIR)、复合信号(Y/C)、RGB信号,也可能输出非标准的逐行扫描信号、线扫描信号、高分辨率信号等。

2. 光源

光源作为辅助成像器件,对成像质量的好坏往往起到至关重要的作用,各种形状的LED灯、高频荧光灯、光纤卤素灯等都可以作为光源。

3. 传感器

传感器通常以光纤开关、接近开关等形式出现,用以判断被测对象的位置和状态,告知图像传感器进行正确的采集。

4. 图像采集卡

图形采集卡通常以插入卡的形式安装在PC中,图像采集卡的主要工作是把相机输出的图像输送给PC主机。它将来自相机的模拟或数字信号转换成一定格式的图像数据流,同时它可以控制相机的一些参数,比如触发信号、曝光/积分时间、快门速度等。图像采集卡通常有不同的硬件结构以针对不同类型的相机,同时也有不同的总线形式,比如PCI、PCI64、Compact PCI、PC104、ISA等。

5. PC

PC(计算机)是一个PC式工业视觉系统的核心,在这里完成图像数据的处理和绝大部分的控制逻辑。对于检测类型的应用,通常都需要较高频率的CPU,这样可以减少处理的时间。同时,为了减少工业现场电磁、振动、灰尘、温度等的干扰,必须选择工业级的PC。

6. 视觉处理软件

视觉处理软件用来完成输入图像数据的处理,然后通过一定的运算得出结果,这个输出的结果可能是PASS/FAIL信号、坐标位置、字符串等。常见的视觉处理软件以C/C++图像库、ActiveX控件、图形式编程环境等形式出现,可以是专用功能的(比如仅仅用于LCD检测、BGA检测、模版对准等),也可以是通用功能的(包括定位、测量、条码/字符识别、斑点检测等)。

7. 控制单元

控制单元包含I/O、运动控制、电平转化单元等,一旦视觉处理软件完成图像分析(除非仅用于监控),紧接着需要和外部单元进行通信以完成对生产过程的控制。简单的控制可以直接利用部分图像采集卡自带的 I/O,相对复杂的逻辑 / 运动控制则必须依靠附加可编程序控制器(PLC)控制单元或运动控制卡来实现必要的动作。

3.1.3　工业视觉系统主要参数

常见的工业视觉系统主要参数有焦距、光圈、景深、分辨率、曝光方式、图像亮度、图像对比度、图像饱和度和图像锐化等。

微课
工业视觉系统
主要参数

1. 焦距

焦距就是从镜头的中心点到胶平面(胶片或 CCD)上所形成的清晰影像之间的距离。注意区分相机的焦距与单片凸透镜的焦距,这是两个概念,因为相机上安装的镜头是由多片薄的凸透镜组成,单片凸透镜的焦距是平行光线汇聚到的点到凸透镜中心的距离。焦距的大小决定着视角大小,焦距数值小,视角大,所观察的范围也大;焦距数值大,视角小,观察的范围也小。

2. 光圈

光圈是一个用来控制光线通过镜头进入机身内感光面光量的装置,通常位于镜头内。对于已经制造好的镜头,不可以随意地改变镜头,但是可以通过在镜头内部加入多边形或者圆形,并且面积可变的孔径光栅来达到控制镜头通光量的目的,这个装置就是光圈。当光线不足时,把光圈调大,自然可以让更多的光线进入相机,反之亦然。除了调整通光量之外,光圈还有一个重要的作用,即调整画面的景深。

3. 景深

景深是指在被摄物体聚焦清楚后,在物体前后一定距离内,其影像仍然清晰的范围。景深随镜头的光圈值、焦距、拍摄距离而变化,光圈越大,景深越小(浅),光圈越小,景深越大(深);焦距越长,景深越小,焦距越短,景深越大;距离拍摄物体越近,景深越小,距离拍摄物体越远,景深越大。

4. 分辨率

图像分辨率可以看成是图像的大小,分辨率高,图像就大,就清晰;反之,分辨率低,图像就小。图像分辨率指图像中存储的信息量,是指每英寸图像内有多少

个像素点,单位为像素每英寸(Pixels Per Inch,PPI)。例如,一张图片的分辨率是500×200,也就是说这张图片在屏幕上按1∶1放大时,水平方向有500个像素点(色块),垂直方向有200个像素点(色块)。

5. 曝光方式

线阵相机都采用逐行曝光的方式,可以选择固定行频和外触发同步的采集方式,曝光时间可以与行周期一致,也可以设定一个固定的时间;面阵工业相机有帧曝光、场曝光和滚动行曝光等几种常见方式,数字工业相机一般都提供外触发采图的功能。

6. 图像亮度

图像亮度通俗理解便是指图像的明暗程度。对于数字图像 $f(x,y)=i(x,y)r(x,y)$,如果灰度值在 $[0,255]$ 之间,则 f 值越接近 0,亮度越低;f 值越接近 255,亮度越高。

7. 图像对比度

图像对比度指的是图像暗和亮的落差值,即图像最大灰度级和最小灰度级之间的差值。

8. 图像饱和度

图像饱和度指的是图像颜色种类的多少,设图像的灰度级是 $[L_{min},L_{max}]$,则在 L_{min}、L_{max} 的中间值越多,便代表图像的颜色种类越多,饱和度也就越高,外观上看起来图像会更鲜艳。调整饱和度可以修正过度曝光或者未充分曝光的图片。

9. 图像锐化

图像锐化是指补偿图像的轮廓,增强图像的边缘及灰度跳变的部分,使图像变得清晰。图像锐化在实际图像处理中经常用到,因为在做图像平滑、图像滤波处理时经常会丢失图像的边缘信息,通过图像锐化便能够增强并突出图像的边缘和轮廓。

3.1.4 工业视觉典型应用

工业视觉主要有图像识别、图像检测、视觉定位、物体测量和物体分拣五大典型应用,这五大典型应用也基本可以概括出工业视觉技术在工业生产中能够起到的作用。

1. 图像识别应用

图像识别是利用工业视觉对图像进行处理、分析和理解，以识别各种不同模式的目标和对象。图像识别在工业视觉领域中最典型的应用就是二维码的识别。将大量的数据信息存储在小小的二维码中，通过二维码可以对产品进行跟踪管理，通过工业视觉系统，可以方便地对各种材质表面的二维码进行识别读取，大大提高了现代化生产的效率。

2. 图像检测应用

图像检测是工业视觉在工业领域最主要的应用之一。几乎所有产品都需要检测，而人工检测存在着较多的弊端，如准确性低、检测速度慢，容易影响整个生产过程的效率。因此，工业视觉在图像检测方面的应用也非常广泛。例如：硬币边缘字符的检测，2000年10月发行的第五套人民币中，壹圆硬币的侧边增加了边缘字符防伪功能，鉴于生产过程的严格控制要求，在造币的最后一道工序上安装了视觉检测系统来检测边缘字符；印刷过程中的套色定位以及校色检查，包装过程中饮料瓶盖的印刷质量检查，产品包装上的条码和字符识别，玻璃瓶的缺陷检测等。工业视觉系统对玻璃瓶的缺陷检测等，也包括了药用玻璃瓶范畴，也就是说工业视觉也涉及医药领域，其主要包括尺寸检测、瓶身外观缺陷检测、瓶肩部缺陷检测及瓶口检测等。

3. 视觉定位应用

视觉定位要求工业视觉系统能够快速准确地找到被测零件并确认其位置。在半导体封装领域，设备需要根据工业视觉取得的芯片位置信息调整拾取头，准确拾取芯片并进行绑定，这就是视觉定位在工业视觉工业领域最基本的应用。

4. 物体测量应用

工业视觉系统在工业领域应用的最大特点是其采用的非接触测量技术具有高精度和高速度的性能，且非接触，无磨损，消除了接触测量可能造成的二次损伤隐患。常见的物体测量应用包括齿轮、接插件、汽车零部件、IC元件引脚、麻花钻及罗定螺纹检测等。

5. 物体分拣应用

实际上，物体分拣是建立在识别、检测之后的一个环节，通过工业视觉系统对

图像进行处理,实现分拣。在工业视觉应用中常用于食品分拣、零件表面瑕疵分拣、棉花纤维分拣等。

目前,工业视觉在电子及半导体行业和高性能、高精密的专业设备制造行业中的应用十分广泛,尤其是半导体行业,从上游晶圆加工制造的分类切割,到末端印制电路板印刷、贴片,都依赖于高精度的视觉测量对于运动部件的引导和定位。

任务实施

3.1.5 安装视觉检测模块

工业机器人视觉检测模块的安装需要完成模块安装、通信线连接、电源线连接、局域网连接四个步骤,具体安装方法如下。

操作步骤	操作说明	示意图
1	将视觉检测模块安装到输送带模块上,如右图所示	
2	安装视觉检测模块的通信线,一端连接到通用电气接口板上 LAN2 接口位置,另一端连接到相机通信口	
3	安装视觉检测模块的电源线,一端连接到通用电气接口板上 J7 接口位置,另一端连接到相机电源口	
4	安装局域网网线,将 PC 和相机连接到同一局域网。网线一端连接到通用电气接口板上 LAN1 网口位置,另一端连接到 PC 的网口	

微课
安装视觉检测
模块

3.1.6 调整相机参数

相机参数包括图像亮度、曝光、光源强度、焦距等。合理地调整相机参数可以得到高清画质的图片，获得更加准确的图形数据。相机参数设置与调试在相机编程软件中完成，具体步骤如下。

1. 相机连接到 PC

PC 与相机的连接步骤如下。

操作步骤	操作说明	示意图
1	打开 In-Sight Explorer 软件，在 In-Sight 网络列表中并没有相机对象，这表明本地 PC 和相机的 IP 地址不在同一网段	
2	选中"In-Sight 传感器"并右击，在弹出的菜单中选择"添加传感器/设备"	
3	传感器添加界面中会显示检测到的相机信息	
4	调整相机的 IP 地址，使其与本地 PC 处于同一网段中。本地 PC 的 IP 地址为 192.168.101.88	
5	刷新 In-Sight 网络列表，此时列表中出现相机对象"insight"	

2. 调试相机焦距

相机焦距的调整方法如下。

操作步骤	操作说明	示意图
1	将输出法兰工件放置于输送模块的传送带末端	
2	打开视觉编程软件 In-sight Explorer	
3	双击"In-sight 网络"下的"insight",连接到相机	
4	将相机设为"实况视频"模式,即相机进行连续拍照	
5	相机实况视频拍照如右图所示,可以发现图片不清晰,需要调节相机的焦距	
6	使用一字螺丝刀旋转相机焦距调节器	
7	直到相机拍照获得清晰的图像为止,如右图所示	

3. 调试图像亮度、曝光和光源强度

图像亮度、曝光和光源强度调整方法如下。

操作步骤	操作说明	示意图
1	单击"应用程序步骤"下的"设置图像"	
2	依次选择"灯光"→"手动曝光"，然后调试"目标图像亮度""曝光"和"光源强度"参数	
3	重复步骤2，直到图像颜色和形状的清晰度满足要求为止	
4	参数调整完成后需要保存作业	

拓展练习 3.1

任务 3.2　输出法兰形状与位置识别

任务提出

视觉定位应用是最常见的视觉应用之一，视觉定位通常采用图案定位工具获取工件的位置和角度信息。

本任务以输出法兰工件为例，通过相机编程软件对输出法兰工件形状的学习，掌握工件形状识别的基本方法，实现相机对输出法兰工件的视觉定位，获取输出法

教学课件
任务 3.2

兰工件的角度信息。

本任务主要包括以下内容：

1. 了解康耐视相机编程软件 In-sight Explorer；

2. 了解形状识别的基础知识；

3. 掌握输出法兰工件的形状识别；

4. 测试与验证输出法兰形状识别结果。

微课
输出法兰形状
与位置识别

微课
相机软件

知识准备

3.2.1 相机软件

In-sight Explorer 是集视觉系统配置、管理和操作界面于一体的康耐视相机专用编程软件。In-sight Explorer 软件界面主要由菜单、快捷工具栏、In-sight 网络、应用程序步骤、图像显示界面、选择板和参数设置界面等组成，如图 3-4 所示。

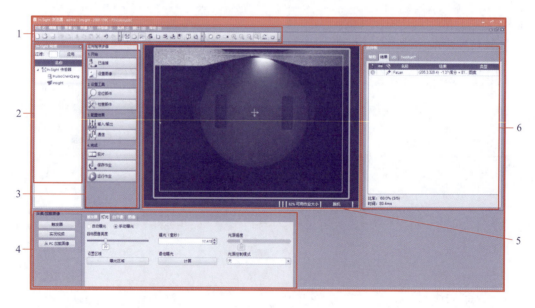

图 3-4　In-sight Explorer 软件界面

1—菜单和快捷工具栏；2—In-sight 网络；3—应用程序步骤；4—参数设置界面；
5—图像显示界面；6—选择板

（1）菜单

菜单主要包括文件、编辑、查看、图像、传感器、系统、窗口和帮助菜单。

(2）快捷工具栏

快捷工具栏包括作业的新建和保存、作业的备份和恢复、添加传感器设备、触发相机拍照、实况视频、图像的缩放和旋转、联机模式等快捷操作按键。

（3）In-Sight 网络

In-Sight 网络列表显示当前网络中的 In-Sight 传感器。

（4）应用程序步骤

应用程序步骤包括已连接、设置图像、定位部件、检查部件、输入 / 输出、通信、胶片、保存作业和运行作业等步骤，具有设定相机参数、新建图像学习工具、配置通信、保存和运行作业等功能。

（5）图像显示界面

图像显示界面显示当前相机拍照获得的图像。

（6）选择板

选择板可以显示当前相机作业的图像学习工具以及图像学习结果。

（7）参数设置界面

针对"应用程序步骤"下的不同功能，可以在参数设置界面下设置该功能的相关参数。例如，在"应用程序步骤"下选择"定位部件"，参数设置界面将显示可添加的工具类型及其参数设置。

3.2.2 形状识别

物体的形状识别是模式识别的重要方向，广泛应用于图像分析、机器视觉和目标识别等领域。形状是物体的重要特征之一，形状识别是图像分析领域的重点研究内容之一。

微课
形状识别

形状分析是从图像中提取形状的特征信息，存储于特定的数据结构中，并进行比较、识别、分类、检索等操作的过程。它是一个涉及多个学科分支的问题，需要综合应用图像处理、模式识别、人工智能等领域的知识和方法。

通过分割区域来提取形状主要是基于区域的某种"一致性"，在实际图像中，如灰度、纹理、光流等分布的一致性。常见的物体形状识别方法如下。

1. 基于边缘检测的方法

图像边缘是图像最基本的特征,边缘在图像分析中起着重要作用。所谓边缘,是指图像局部特性的不连续性。灰度或结构等信息的突变处称为边缘,例如灰度级的突变、颜色的突变、纹理结构的突变等。

边缘检测的原理是:由于微分算子具有突出灰度变化的作用,所以对图像进行微分运算,在图像边缘处其灰度变化较大,故该处微分计算值较高,可将这些微分计算值作为相应点的边缘强度,通过阈值判别来提取边缘点,即如果微分计算值大于阈值,则为边缘点。

2. 基于阈值选取的方法

阈值法是一种传统的图像分割方法,因其实现简单、计算量小、性能较稳定而成为图像分割中最基本和应用最广泛的分割技术。图像阈值分割利用了图像中要提取的目标物与其背景在灰度特性上的差异,把图像视为具有不同灰度级的两类区域(目标和背景)的组合,选取一个合适的阈值,以确定图像中每一个像素点应属于目标还是背景区域,从而产生相应的二值图像。

3. 基于区域生长的方法

阈值分割可以认为是将图像由大到小进行拆分,而区域生长则相当于由小到大对像素进行合并。区域生长的基本思想是将具有相似性质的像素集合起来构成一个区域,实质就是将具有"相似"特性的像素元连接成区域。这些区域是互不相交的,每一个区域都满足特定区域的一致性。

3.2.3　视觉定位

1. 单目定位和双目定位

视觉定位主要分为单目定位(单摄像头)与双目定位(双摄像头)。无论单目定位还是双目定位,在使用前均需对摄像头进行标定,即通过拍摄标准棋盘图像,计算修正矩阵,消除由于摄像头引起的成像误差,而双目定位除了需要对摄像头本身进行标定外,还需要对两个摄像头的相对位置关系进行标定。

单目定位运算量较小,但由于只能获取二维信息,通常需要在环境中加入特定的人工图标或辅以其他测量设备来完成定位。单目定位主要通过对比前后两帧图像的变化来判断自身的移动情况,目前部分扫地机器人及无人机采用的都是单目定位技术。扫地机器人通过安装在顶部的摄像机拍到的天花板画面判断自身的位置,而无人机则是通过安装在底部的摄像机拍摄地面画面实现悬停及自动回归。

双目定位的精度比单目定位要高,其定位方式是首先对同一时刻两个摄像头拍到的图像进行分析,找出相同的特征点,所谓特征点是指颜色发生突变的点,之所以要找到发生突变的点是为了后续方便匹配。由于两个摄像机位置不一样,所以同一时间同一物体(特征点)出现在图像中的位置会有所不同,依靠颜色信息将其匹配,进而利用三角几何原理可以得出每一个特征点相对于摄像机的三维坐标。当摄像机位置或姿态发生变化时,前后两个时刻特征点相对于摄像机的三维坐标发生变化,利用这些变化,通过解方程可得到摄像机当前的位置与姿态。双目定位方法在工业机器人、探测机器人上的应用较为广泛。

2. 图案定位

在大多数机器视觉应用中,在图像中定位元件是应用成功关键的第一步。图案定位是在定位元件过程中最常用的方法,图案定位是使用图像的边缘轮廓特征作为模板,在图像中搜索形状上相似的目标,可以得到位置坐标信息及角度,可用于定位、计数和判断有无等。

图案定位基本流程包括图像采集、添加定位工具、训练模型、设置搜索区域、设置旋转角度和计算并输出结果六个步骤,如图 3-5 所示。

图 3-5　图案定位基本流程

图像采集有离线和在线两种方式,离线采集即采集事先拍摄好且储存在文件夹中的图像,而在线采集就是连接相机进行实时图像采集。添加定位工具后,需要对标准图案进行图案特征的学习和训练,获得基准位置和基准角度,同时需要设置值搜索区域并设置旋转角度。相机获取随机放置的工件图像后,将新的图像与训练图像进行匹配识别,从而计算出随机工件的位置和角度。

无论高速流水线上或离线式的检测检验,还是引导机械手进行拾取以及组装,机器视觉应用在很大程度上依赖于定位工具。图案定位工具可以对零件的具体位置与方向进行精确的识别和确定。

任务实施

3.2.4 输出法兰图案定位特征训练

微课
输出法兰图案
定位特征训练

输出法兰工件形状识别采用定位部件工具下的图案工具,由于输出法兰和减速器工件的形状非常相似,如果选取工件外形作为识别特征,难以准确识别工件类型,所以选取输出法兰工件上的两个长方形槽作为形状识别的特征。输出法兰工件形状识别的步骤如下。

操作步骤	操作说明	示意图
1	将输出法兰工件放置于输送模块传送带末端	
2	打开相机编程软件,连接到相机,相机切换到"实况视频"模式	
3	在"应用程序步骤"中选择"定位部件"	
4	在"添加工具"→"位置工具"中选择"图案"工具,双击运行	
5	选中搜索框,调整搜索框的大小和位置,如右图所示	

操作步骤	操作说明	示意图
6	选中模型框,调整模型框的大小和位置,如右图所示	
7	工件形状识别如右图所示	
8	将输出法兰形状识别工具"名称"修改为FaLan	

3.2.5 输出法兰形状与位置识别训练

分别将减速器和输出法兰放置于输送模块传送带末端,测试工件形状识别结果,验证输出法兰形状识别的准确性,并获取输出法兰位置数据,具体的步骤如下。

微课
输出法兰形状与位置识别训练

操作步骤	操作说明	示意图
1	将减速器以任意位置和角度放置于输送模块的传送带末端	
2	在相机编程软件中手动控制相机拍照	
3	相机图像识别结果:未识别到输出法兰。相机图像识别结果与实际情况相符合	

操作步骤	操作说明	示意图
4	将输出法兰以任意位置和角度放置于输送模块的传送带末端	
5	在相机编程软件中手动控制相机拍照	
6	相机图像识别结果:识别到输出法兰,位置为(245.5,333.8),角度为31.6°。相机图像识别结果与实际情况相符合	

任务 3.3　PLC 与相机通信编程

任务提出

康耐视相机支持 OPC、TCP/IP、UDP、PROFINET 等多种通信方式,用户可以根据应用场景和周边通信设备,灵活选用相应的通信方式,轻松实现康耐视相机与周边设备的通信。

基于任务 3.2 的工件形状识别,本任务中 PLC 与相机采用 PROFINET 通信方式,通过对 PLC 与相机通信编程的学习,熟悉 PLC 与相机的 PROFINET 通信方式及相机通信接口,掌握 PLC 与相机的系统组态,完成 PLC 与相机的通信编程,实现工业机器人将相机拍照指令发送给 PLC,PLC 控制相机拍照;相机拍照识别工件形状后,将相机反馈数据发送给 PLC,PLC 再将数据发送给工业机器人。

本任务主要包括以下内容:

1. 掌握相机通信方式与通信接口;

2. 掌握相机通信设置;

3. 掌握 PLC 与相机的组态；

4. 掌握 PLC 与相机的通信测试；

5. 编写工业机器人控制相机拍照并接收反馈数据的程序。

知识准备

3.3.1　康耐视相机 GSD 文件安装

不同的 PROFINET 设备具有不同的性能特点，要实现 PROFINET 设备的即插即用，可在相关 GSD（General Station Description，通用站描述）文件中查阅 PROFINET 设备的特性。标准化的 GSD 数据将通信扩大到操作员控制级，使用基于 GSD 的组态工具可将不同厂商生产的设备集成在同一总线系统中，既简单又是对用户友好的。GSD 文件可以分为三个部分。

① 一般规范。这部分包括生产厂商和设备的名称、硬件和软件的版本状况、支持的波特率、可能的监视时间间隔以及总线插头的信号分配。

② 与主站有关的规范。这部分包括只运用于主站的各项参数（如连接从站的最多台数或上装和下装能力）。

③ 与从站有关的规范。这部分包括与从站有关的一切规范（如输入／输出通道的数量和类型、中断测试的规范以及输入／输出数据一致性的信息）。

康耐视相机的 GSD 文件获取途径主要有两种。

① 安装 In-Sight Explorer 软件后，可以在软件安装路径"Cognex\In-Sight\In-Sight Explorer 5.8.0\Factory Protocol Description\GSD"下找到与相机固件版本匹配的 GSD 文件。相机固件是 5.08 及以上版本，须使用 2019 版的 GSD 文件。

② 如果没有安装 In-Sight Explorer 软件，可以从设备制造商处获取 GSD 文件。

微课
康耐视相机
GSD 文件安装

3.3.2　康耐视相机通信接口

PLC 与康耐视相机采用 PROFINET 协议进行通信。PLC 与康耐视相机通信流程：先在相机中设置通信方式及输出数据格式，接着在 PLC 编程软件中安装 GSD 文件，然后对相机进行组态，最后基于相机通信接口实现 PLC 与相机之间的数据交互。

微课
康耐视相机
通信接口

相机组态完成后,可在相机的设备概览中查看相机通信接口及其地址。相机通信接口主要包括采集控制、采集状态、检查控件、检查状态、命令控制、软事件、用户数据和结果。相机通信各接口的功能说明如表 3-2 所示,这里要注意:相机通信接口的地址是由 PLC 分配的,尽可能不要修改接口地址,采用默认值。

表 3-2　相机通信各接口的功能说明

序号	接口	输入/输出	地址	长度	接口功能说明
1	采集控制	PLC →相机	PLC 分配	1 Byte	控制相机拍照
2	采集状态	相机→ PLC	PLC 分配	3 Byte	相机拍照状态
3	检查控件	PLC →相机	PLC 分配	1 Byte	控制相机作业运行
4	检查状态	相机→ PLC	PLC 分配	4 Byte	相机作业状态
5	命令控制	PLC ↔相机	PLC 分配	2 Byte	输入:当前相机作业编号 输出:加载所需编号的相机作业
6	软事件	PLC ↔相机	PLC 分配	1 Byte	触发相机 spreadsheet 中相关的事件
7	用户数据	PLC →相机	PLC 分配	64 Byte	向相机发送用户数据
8	结果	相机→ PLC	PLC 分配	68 Byte	接收相机反馈的图像处理数据

采集控制接口说明如表 3-3 所示。

表 3-3　采集控制接口说明

Bit	名称	功能描述
0	相机拍照准备	当设为 True 时,相机处于拍照准备,可以触发拍照;当设为 False 时,相机不能触发拍照
1	触发相机拍照	当相机联机,相机拍照准备为 True,则此位设为 True 时,触发相机拍照,上升沿有效
2~6	保留	未使用
7	设置联机	当为 True 时,相机设为联机模式;当为 False 时,相机设为离线模式

结果接口说明如表 3-4 所示。注意:结果接口的前 4 个字节未返回图像处理数据,第 5 个字节开始返回图像处理数据。

表 3-4　结果接口说明

Byte	名称	功能描述
0~1	检查编号	当前未使用
2~3	检查结果代码	当前未使用
4~259	图像处理数据	相机拍照结束后,返回给外部设备的图像处理数据。返回的图像处理数据事先在相机 PROFINET 通信的格式化输出数据中设定好

任务实施

3.3.3 相机通信设置

PLC 与相机通信前,必须在相机编程软件中对相机的通信方式以及通信数据进行设置。PLC 与相机采用 PROFINET 协议进行通信,通信输入数据不设置,通信输出数据为工件形状识别的角度。相机通信设置的步骤如下。

操作步骤	操作说明	示意图
1	打开相机编程软件,连接到相机,依次选择"设置图像"→"触发器","类型"选择"工业以太网"	
2	在"应用程序步骤"下选择"已连接",然后选择"传感器"菜单下的"网络设置"	
3	网络设置界面的"工业以太网协议"选择"PROFINET"	
4	单击"设置"按钮,在弹出的对话框中勾选"启用 PROFINET 站名","站名"设为"insight"。单击"确定"按钮,重启相机,相机通信协议设置生效	
5	在"应用程序步骤"下选择"通信"	
6	在"通信"界面中单击"添加设备"。在"设备设置"界面中,"设备"选择"其他","协议"选择"PROFINET",单击"确定"按钮	

操作步骤	操作说明	示意图
7	在"格式化输出数据"界面中选择需要输出的图像处理数据,如右图所示。注意输出数据的类型和长度	
8	在"应用程序步骤"下选择"保存作业",保存当前相机工程,然后运行作业	
9	相机参数调试以及工件形状和颜色学习完成后,须将相机设为联机模式,此模式下外部设备可通过PROFINET与相机进行通信和数据交互	

3.3.4　相机及周边系统组态

微课
相机及周边系统组态

工业机器人视觉定位应用中需组态的设备包括 PLC 和相机。组态设备明细如表 3-5 所示。

表 3-5　组态设备明细

序号	设备	订货号	版本号	IP 地址分配
1	SIMATIC S7-1200	6ES7 215-1AG40-0XB0	V4.2	192.168.101.13
2	In-Sight IS2000×××CC-B	IS2000-×××	5.8.0	192.168.101.50

基于表 3-5 中的组态设备明细,PLC 与相机组态的具体步骤如下。

操作步骤	操作说明	示意图
1	打开 PLC 编程软件,添加 PLC 设备,并进行参数设置	
2	在 PLC 编程软件中依次选择"选项"菜单→"管理通用站描述文件(GSD)"	

操作步骤	操作说明	示意图
3	在弹出的窗口中将"源路径"指定到存放 2019 版相机 GSD 的文件夹。选中"GSDML-V2.34-Cognex-InSightClassB-20190809.xml"文件,并进行安装	
4	双击打开"设备与网络",在右侧硬件目录依次选择"其他现场设备"→"PROFINET IO"→"Sensors"→"Cognex Corp"→"Cognex Vision Systems"→"In-Sight IS2×××CC-B",并双击加载	
5	在设备与网络界面中,单击相机的"未分配",在弹出的菜单中选择"PLC_1.PROFINET 接口 _1",连接到 PLC	
6	进入相机的属性界面,"IP 协议"项中设置"IP 地址"为 192.168.101.50	
7	完成 PLC 与相机的组态	

3.3.5　PLC 与相机通信测试

PLC 与相机组态完成后,根据组态后的相机通信接口及其地址,在 PLC 中创建相应的变量,手动强制相机拍照,查看 PLC 接收到的相机数据,测试 PLC 与相机的通信。PLC 与相机通信测试的步骤如下。

微课
PLC 与相机通信测试

操作步骤	操作说明	示意图
1	在设备和网络界面中，双击相机设备，打开相机的"设备概览"界面，查看相机通信接口地址。"采集控制_1"地址为QB2，"结果-64个字节_1"接口为IB70~IB137	设备概览 模块 / 机架 / 插槽 / I地址 / Q地址 ▼ InSight / 0 / 0 ▶ 接口 / 0 / 0 X1 采集控制_1 / 0 / 1 / / 2 采集状态_1 / 0 / 2 / 2…4 检查控件_1 / 0 / 3 / / 3 检查状态_1 / 0 / 4 / 5…8 命令控制_1 / 0 / 5 / 68…69 / 68…69 SoftEvent控制_1 / 0 / 6 / 9 / 4 用户数据-64个字节_1 / 0 / 7 / / 70…133 结果-64个字节_1 / 0 / 8 / 70…137
2	依据相机通信接口地址和相机输出数据及其长度，在PLC变量表中创建如右图所示的变量	默认变量表 名称 / 数据类型 / 地址 识别输出法兰工件 / Int / %IW74 输出法兰工件角度 / Real / %ID76 相机拍照准备 / Bool / %Q2.0 触发相机拍照 / Bool / %Q2.1
3	将PLC程序下载到PLC设备，并新建监控表，在监控表中添加并监控上述变量	名称 / 地址 / 显示格式 / 监视值 / 修改值 "相机拍照准备" / %Q2.0 / 布尔型 "触发相机拍照" / %Q2.1 / 布尔型 "识别输出法兰工件" / %IW74 / 带符号十… "输出法兰工件角度" / %ID76 / 浮点数
4	将减速器工件放置于传送带末端	
5	手动将"相机拍照准备"的监视值修改为TRUE，使相机处于拍照准备中	名称 / 地址 / 显示格式 / 监视值 / 修改值 "相机拍照准备" / %Q2.0 / 布尔型 / TRUE / TRUE "触发相机拍照" / %Q2.1 / 布尔型 / FALSE "识别输出法兰工件" / %IW74 / 带符号十… / 1 "输出法兰工件角… / %ID76 / 浮点数 / 27.67238
6	手动将"触发相机拍照"的监视值修改为TRUE，控制相机进行拍照。相机未识别到输出法兰工件	名称 / 地址 / 显示格式 / 监视值 / 修改值 "相机拍照准备" / %Q2.0 / 布尔型 / TRUE / TRUE "触发相机拍照" / %Q2.1 / 布尔型 / TRUE / TRUE "识别输出法兰工件" / %IW74 / 带符号十… / 0 "输出法兰工件角度" / %ID76 / 浮点数 / 0.0
7	将输出法兰工件放置于传送带末端	
8	先手动将"触发相机拍照"由FALSE修改为TRUE，控制相机进行拍照。相机识别到输出法兰工件，工件角度为30.13°	名称 / 地址 / 显示格式 / 监视值 / 修改值 "相机拍照准备" / %Q2.0 / 布尔型 / TRUE / TRUE "触发相机拍照" / %Q2.1 / 布尔型 / TRUE / TRUE "识别输出法兰工件" / %IW74 / 带符号十… / 1 "输出法兰工件角度" / %ID76 / 浮点数 / 30.13309

3.3.6 工业机器人控制相机拍照及接收数据

工业机器人控制相机拍照及接收相机数据的流程是：工业机器人将相机拍照指令发送给 PLC，PLC 控制相机拍照；相机拍照识别工件形状后，将相机反馈数据发送给 PLC，PLC 再将数据发送给工业机器人。要实现上述流程，必须先编制 PLC 与工业机器人通信程序，实现 PLC 与工业机器人的数据交互，然后再编制 PLC 与相机通信程序，实现 PLC 控制相机拍照及接收相机反馈的数据。

1. 编制 PLC 与工业机器人通信程序

之前的项目中已经详细介绍过 PLC 与工业机器人通信编程，这里不再赘述，只介绍关键操作步骤。

操作步骤	操作说明	示意图
1	新建 PLC 接收工业机器人发送数据的数据块"DB_RB_CMD"。添加两个结构体数据变量，"PLC_RCV_Data"和"RB_CMD"，在结构体数据变量中新建相应的变量，如右图所示	（DB_RB_CMD 数据块示意图）
2	新建 PLC 向工业机器人发送数据的数据块"DB_PLC_STATUS"。添加两个结构体数据变量，"PLC_Send_Data"和"PLC_Status"在结构体数据变量中新建相应的变量，如右图所示	（DB_PLC_STATUS 数据块示意图）

操作步骤	操作说明	示意图
3	新建函数"PLC_ROB",调用 TRCV_C 指令编写 PLC 接收数据程序,调用 TSEND_C 指令编写 PLC 发送数据程序	(TRCV_C 和 TSEND_C 指令功能块示意图)

4	新建函数"通信数据解析",语言为 SCL。将 PLC 接收到数据 PLC_RCV_Data 中的自定义数据变量赋值给 RB_CMD 中的自定义数据变量。同理,将 PLC_Status 中的自定义数据变量赋值给 PLC_Send_Data 中的自定义数据变量,然后发送给工业机器人	FOR #I:= 0 TO 15 DO
		// 工业机器人 -PLC 用户自定义 INT 数据
		// 解析
		"DB_RB_CMD".RB_CMD.RB 自定义数据 [#I]:=
		"DB_RB_CMD".PLC_RCV_Data.RB 自定义数据 [#I];
		//PLC- 工业机器人用户自定义 INT 数据
		// 解析
		"DB_PLC_STATUS".PLC_Send_Data.PLC 自定义数据 [#I]:="DB_PLC_STATUS".PLC_Status.PLC 自定义数据 [#I];
		END_FOR;

5	最后将"PLC_ROB"和"通信数据解析"程序添加到主程序中	(程序块添加示意图)

2. 编制 PLC 与相机通信程序

先设计工业机器人与 PLC 的相机接口对应关系及其功能,如表 3-6 所示。

表 3-6　工业机器人与 PLC 的相机接口对应关系及其功能

工业机器人端	方向	PLC 端	说明
R [61:user int [01]out]	ROB→PLC	PLC_RCV_Data.RB 自定义数据[0]	当为 0 时,清除拍照指令 当为 1 时,触发相机拍照
R [21:user int [01]in]	PLC→ROB	PLC_Send_Data.PLC 自定义数据[0]	当为 0 时,未识别到工件 当为 1 时,识别到工件
R [22:user int [02]in]	PLC→ROB	PLC_Send_Data.PLC 自定义数据[1]	输出法兰工件的角度值

编制 PLC 与相机通信程序的步骤如下。

操作步骤	操作说明	示意图
1	新建函数"相机程序"。添加指令,使"相机拍照准备"变量常为 TRUE	
2	添加工业机器人控制相机拍照程序	
3	将"识别输出法兰工件"变量赋值给相应的 PLC 自定义数据[0]	
4	将"输出法兰工件角度"变量转换为双整型数据后赋值给相应的 PLC 自定义数据[1]	
5	将"相机程序"添加到主程序中	

3. 工业机器人控制相机拍照及接收数据测试

工业机器人控制相机拍照及接收数据测试步骤如下。

操作步骤	操作说明	示意图
1	将 PLC 程序下载到 PLC 设备中,并将输出法兰工件以任意姿态放置于传送带末端	

操作步骤	操作说明	示意图
2	在示教盒上手动将"R［61:user int［01］out］"赋值为1,触发相机拍照	
3	"R［21:user int［01］in］"的值为1,代表相机识别到输出法兰工件。"R［22:user int［02］in］"的值为 -3 348,此数值为放大 100 倍后的角度值,实际角度为 -33.48°	
4	相机编程软件中的工件数据如右图所示,与工业机器人获得的数据一致	

拓展练习 3.3

任务 3.4　基于视觉定位的关节装配

任务提出

教学课件
任务 3.4

　　现有一台工业机器人视觉定位工作站,主要由工业机器人、快换装置模块、立体库模块、上料模块、输送模块、视觉检测模块、变位机模块、装配模块和旋转供料模块组成。现有一套关节套件,包括关节底座、关节电机、减速器和输出法兰四个工件。关节套件如图 3-6 所示。开始装配前,需要手动将关节底座放入立体库模块中,将关节电机放入旋转供料模块的库位中,将减速器和输出法兰工件随机放入上料模块的料筒中。

　　进行相机参数调试,并对输出法兰工件进行形状识别和相机通信设置;然后编制 PLC 和工业机器人通信程序、PLC 和相机通信程序,实现工业机器人发送拍照

微课
基于视觉定位
的关节装配

指令控制相机拍照,并接收相机图像处理反馈的数据;最后编制工业机器人程序,
按顺序依次完成关节底座、关节电机、减速器和输出法兰工件的装配,再将关节成
品[如图3-6(e)所示]放入立体库模块中。减速器和输出法兰装配时,减速器和
输出法兰工件出料的先后顺序是不确定的,但是工件在输送模块传送带末端的位
置基本是相同的,需要通过相机识别输送模块传送带末端的工件类型,并获取输出
法兰工件的角度值,正确完成减速器和输出法兰工件的装配。

(a) 关节底座

(b) 关节电机

(c) 减速器

(d) 输出法兰

(e) 关节成品

图 3-6　关节套件

本任务主要包括以下内容:

1. 了解关节装配顺序流程;

2. 了解关节装配准备程序;

3. 编制输出法兰装配主程序和子程序;

4. 调试运行关节装配程序。

知识准备

3.4.1　基于视觉定位的工件抓取

输出法兰和关节底座之间有严格的装配关
系要求,图3-7(a)所示为输出法兰正确装配到
关节底座中,图3-7(b)所示为输出法兰错误装
配到关节底座中。

输出法兰工件在输送模块传送带末端的位
置是固定的,但是工件的角度姿态是任意的,如
果工业机器人以固定的抓取位置和姿态去抓取

(a) 正确装配

(b) 错误装配

图 3-7　输出法兰和关节底座的装配关系

输出法兰,可能无法将输出法兰正确装配到关节底座中。

本项目中采用基于视觉的工件定位抓取方法,将输出法兰工件正确装配到关节底座中,基本步骤如下。

① 先手动将输出法兰放置于上料模块料筒中,在示教盒上控制料筒出料,启动传送带,待输出法兰运行至传送带末端稳定后,控制相机拍照,记录工件的角度,将此角度作为基准角度,然后操作工业机器人运动到工件抓取位置,并记录目标点,将此目标点作为工件抓取基准点,如图 3-8(a)所示。

② 当输出法兰工件再次以不同角度到达传送带末端后,控制相机拍照,获取当前工件角度,在工件抓取基准点的基础上,补偿该角度,调整输出法兰工件抓取姿态,将输出法兰工件正确装配到关节底座中,如图 3-8(b)所示。

 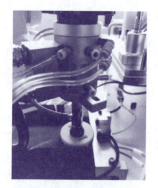

(a) 工件抓取基准点   (b) 调整角度后的工件抓取姿态

图 3-8   基于基准角度变换法的工件抓取

下面以示例程序说明基于视觉的工件定位抓取,其中,angle1 为基准角度,PR[1:Std_Pick_FaLan]为输出法兰工件抓取基准点,angle2 为工件实时角度,PR[2:Pick_FaLan]为输出法兰工件抓取点。

```
PR[2:Pick_FaLan]:=PR[1:Std_Pick_FaLan]        // 抓取基准点赋值给抓取点
PR[2,6:Pick_FaLan]:=PR[2,6:Pick_              // 调整工件抓取点的姿态
FaLan]-(angle1-angle2)
```

3.4.2 基于视觉定位的关节装配流程

基于视觉定位的关节装配流程如图 3-9 所示。

根据图 3-9 所示流程,基于视觉定位的关节装配程序功能说明如表 3-7 所示。

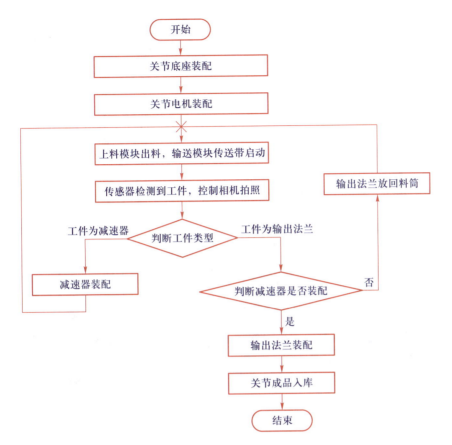

图 3-9 基于视觉定位的关节装配流程

表 3-7 基于视觉定位的关节装配程序功能说明

序号	程序	程序功能说明
1	QU_GONGJU	工业机器人取工具程序
2	FANG_GONGJU	工业机器人放工具程序
3	ZP_BASE	关节底座装配程序
4	ROT_TO_ZERO	旋转供料回零程序
5	ROT_TO_PICK	旋转供料运动至电机抓取位置程序
6	ZP_MOTOR	关节电机装配程序
7	SHANGLIAO	料筒出料及传送带启动程序
8	CAM_TAKE_PIC	控制相机拍照程序
9	PUT_BACK_FALAN	输出法兰放回料筒程序
10	ZP_JSQ	减速器装配程序
11	ZP_FALAN	输出法兰装配程序
12	RUKU	关节成品入库程序
13	MAIN	主程序

任务实施

3.4.3　工件准备与关键目标点示教

1. 工件准备

手动将关节底座放入立体库模块中,将关节电机放入旋转供料模块的库位中,将减速器和输出法兰工件随机放入上料模块的料筒中,如图 3-10 所示。

(a) 关节底座位置　　　　　　(b) 关节电机位置　　　　(c) 减速器和输出法兰位置

图 3-10　工件准备

2. 关键目标点示教

基于视觉定位的关节装配应用中所需要用的关键目标点及其说明如表 3-8 所示。

表 3-8　关键目标点及其说明

序号	目标点	目标点说明
1	PR[1:Pick_Base]	关节底座抓取位置
2	PR[2:Asm_Base]	关节底座装配位置
3	PR[3:Pick_Motor]	关节电机抓取位置
4	PR[4:Asm_Motor]	关节电机装配位置
5	PR[5:Pick_JSQ]	减速器抓取位置
6	PR[6:Asm_JSQ]	减速器装配位置
7	PR[7:Std_Pick_FaLan]	输出法兰抓取基准位置
8	PR[8:Asm_FaLan]	输出法兰装配位置
9	PR[9:Home]	工业机器人原点位置

关键目标点示教示意图如图 3-11 所示。

(a) 关节底座抓取位置

(b) 关节底座装配位置

(c) 关节电机抓取位置

(d) 关节电机装配位置

(e) 减速器抓取位置

(f) 减速器装配位置

(g) 输出法兰抓取基准位置

(h) 输出法兰装配位置

图 3-11　关键目标点示教示意图

3.4.4　编制关节装配程序

基于上述关节装配流程以及程序结构,分别完成关节装配子程序的编制,最后完成关节装配主程序的编制。输出法兰装配程序如表 3-9 所示,关节装配主程序如表 3-10 所示。

微课
编制关节装配
程序

表 3-9　输出法兰装配程序

行号	示例程序	程序说明
1	R[20]=R[22]/100	工件旋转角度缩小 100 倍
2	PR[10]=PR[7]	抓取基准点赋值给抓取点
3	PR[10,6]=PR[10,6]-R[20]	调整输出法兰抓取点的姿态
4	J PR[9:Home] 100% FINE	移动到原点
5	J PR[10] 100% FINE Offset,PR[14]	移动到输出法兰抓取上方点
6	L PR[10] 100mm/sec FINE	移动到输出法兰抓取点
7	DO[105]=ON	打开吸盘工具
8	WAIT 1.00 (sec)	等待 1 s
9	L PR[10] 200mm/sec FINE Offset,PR[14]	返回到输出法兰抓取上方点
10	J PR[9:Home] 100% FINE	移动到原点
11	J PR[8] 100% FINE Offset,PR[14]	移动到输出法兰装配上方点
12	L PR[8] 100mm/sec FINE	移动到输出法兰装配点
13	L PR[8] 100mm/sec FINE Offset,PR[15]	绕 Z 轴旋转 90° 锁紧工件
14	DO[105]=OFF	关闭吸盘工具
15	WAIT 1.00 (sec)	等待 1 s
16	L PR[8] 200mm/sec FINE Offset,PR[14]	移动到输出法兰装配上方点
17	J PR[9:Home] 100% FINE	移动到原点

表 3-10 关节装配主程序

行号	示例程序	程序说明
1	PR[16]=PR[11]	弧口手爪工具位置赋值
2	CALL QU_GONGJU	调用取工具程序
3	CALL ZP_BASE	调用关节底座装配程序
4	CALL FANG_GONGJU	调用放工具程序
5	PR[16]=PR[12]	平口手爪工具位置赋值
6	CALL QU_GONGJU	调用取工具程序
7	CALL ROT_TO_PICK	调用旋转供料回零程序
8	CALL ROT_TO_PICK	调用旋转供料到抓取位置程序
9	CALL ZP_MOTOR	调用关节电机装配程序
10	CALL FANG_GONGJU	调用放工具程序
11	PR[16]=PR[13]	吸盘工具位置赋值
12	CALL QU_GONGJU	调用取工具程序
13	R[1]=0	减速器装配完成信号置 0
14	LBL[1]	标签 LBL［1］
15	CALL SHANGLIAO	调用上料及输送程序
16	CALL CAM_TAKE_PIC	调用相机拍照程序
17	IF (R[21]=0) THEN	如果工件类型为减速器
18	CALL ZP_JSQ	调用减速器装配程序
19	JMP LBL[1]	跳转到 LBL［1］
20	ELSE	如果工件类型为输出法兰
21	IF (R[1]=0) THEN	如果减速器没有装配
22	CALL PUT_BACK_FALAN	调用输出法兰放回料筒程序
23	JMP LBL[1]	跳转到 LBL［1］
24	ELSE	如果减速器已装配
25	CALL ZP_FALAN	调用输出法兰装配程序
26	CALL RUKU	调用关节成品入库程序
27	ENDIF	结束判断
28	ENDIF	结束判断

拓展练习 3.4

项 目 拓 展

1. 输出法兰位置角度识别和码垛

在工业机器人视觉定位应用项目硬件平台上,取下装配模块和 RFID 模块,将棋盘格模块安装到变位机上,手动安装吸盘工具,将 6 个输出法兰工件以随机角度放入上料模块料筒中,工业机器人控制上料模块对输出法兰依次上料,输送模块传送带将输出法兰输送到末端后停止,利用相机对输出法兰进行学习训练,识别输出法兰位置和角度,工业机器人正确抓取识别后的输出法兰,并将其以 3 行 2 列形式码垛到棋盘格模块上。请进行工业机器人示教编程,完成 6 个输出法兰工件角度和位置识别,并搬运码垛到棋盘格模块上,如图 3-12 所示。

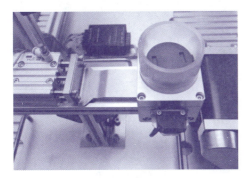

(a) 输出法兰放置在料筒中

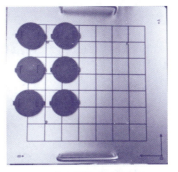

(b) 棋盘格模块上码垛位置

图 3-12　输出法兰识别堆叠搬运

2. 电机外壳位置角度识别和入库

在工业机器人视觉定位应用项目硬件平台上,手动安装吸盘工具,将 6 个电机外壳工件以随机角度排列在输送模块传送带上(工件间距自定义),工业机器人控制传送带将电机外壳输送到末端后停止,利用相机对电机外壳进行学习训练,识别电机外壳位置和角度,工业机器人正确抓取识别后的电机外壳,并将其搬运到旋转供料模块上(每搬运完一个电机外壳,旋转供料模块顺时针旋转 60°)。请进行工业机器人示教编程,完成 6 个电机外壳工件角度和位置识别,并搬运到旋转供料模块上完成入库,如图 3-13 所示。

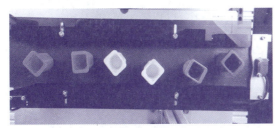

(a) 电机外壳放置位置

(b) 旋转供料模块入库位置

图 3-13　电机外壳识别入库

3. 正方形工件位置识别

根据图 3-14 调整平台模块布局,更换 25 mm 镜头,调整相机视域和焦距,在绘图模块上随机放置 9 个正方形工件(工件长为 30 mm,宽为 30 mm,高为 12 mm,

项目拓展　147

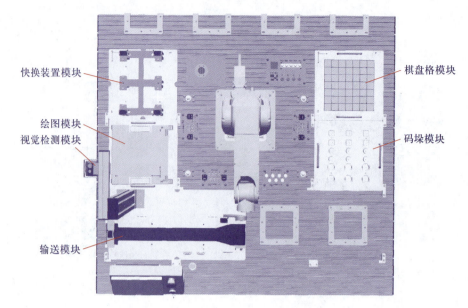

快换装置模块

绘图模块
视觉检测模块

输送模块

棋盘格模块

码垛模块

图 3-14　视觉定位检测平台布局图

颜色不区分),利用相机对正方形工件进行学习训练,识别正方形工件位置和角度,工业机器人正确抓取识别后的正方形工件,并将其搬运到棋盘格模块上(每搬运完一个工件相机重新拍照,棋盘格模块上工件以 3 行 3 列方式码垛)。请进行工业机器人示教编程,完成 9 个正方形工件角度和位置识别,并搬运到棋盘格模块上完成工件码垛。

4. 长方形工件位置识别

根据图 3-14 调整平台模块布局,更换 25 mm 镜头,调整相机视域和焦距,在绘图模块上随机放置 8 个长方形工件(工件长为 60 mm,宽为 30 mm,高为 12 mm,颜色不区分),利用相机对长方形工件进行学习训练,识别长方形工件位置和角度,工业机器人正确抓取识别后的长方形工件,并将其搬运到棋盘格模块上(每搬运完一个工件相机重新拍照,棋盘格模块上工件以回型垛型码垛,一层 4 个,共 2 层)。请进行工业机器人示教编程,完成 8 个长方形工件角度和位置识别,并搬运到棋盘格模块上完成工件码垛。

项目四　工业机器人视觉分拣应用编程

证书技能要求

工业机器人应用编程证书技能要求（中级）	
1.1.3	能够根据工作任务要求设置工业机器人工作空间
2.3.2	能够根据工作任务要求，编制工业机器人结合机器视觉等智能传感器的应用程序
2.4.2	能够根据工作任务要求，编制多种工艺流程组成的工业机器人系统的综合应用程序
2.4.3	能够根据工艺流程调整要求及程序运行结果，对多工艺流程的工业机器人系统的综合应用程序进行调整和优化

项目引入

　　分拣作业是工业生产过程中的一个重要环节。基于机器视觉的工业机器人分拣与人工分拣作业相比，不但高效、准确，而且在质量保障、卫生保障等方面有着人工分拣作业无法替代的优势。与传统的机械分拣作业相比，基于机器视觉的工业机器人分拣则有着适应范围广、随时能变换作业对象和变换分拣工序的优势。工业机器人视觉分拣技术是工业机器人技术和机器视觉技术的有机结合，在机械、食品、医药、化妆品等生产领域应用已经相当普及。

　　本项目包括相机安全区域设定、减速器形状与颜色识别、工件位置和颜色的识别与显示、工件识别与分拣应用编程四个子任务。通过这四个子任务的学习，熟悉工业机器人防干涉区域功能，掌握相机安全区域的设定，掌握减速器工件的形状与颜色识别、PLC与相机的通信编程，实现工业机器人控制相机拍照，相机识别输送模块传送带末端的工件位置与颜色，工业机器人对减速器工件进行分拣，并将相同颜色工件进行码垛，最终完成基于视觉的工件分拣应用。

知识目标

1. 了解防干涉区域功能的定义；

2. 掌握防干涉区域功能的设置方法；

3. 了解相机标定的定义及其常用方法；

4. 了解视觉颜色识别；

5. 掌握基准位置偏移法；

6. 熟悉基于视觉的工件分拣流程；

7. 掌握基于视觉的工件分拣应用程序设计。

能力目标

1. 能够正确设定相机的安全区域；

2. 能够正确启动或禁用相机的安全区域；

3. 能够正确安装和连接视觉检测模块；

4. 能够正确设置和调试相机参数；

5. 能够正确使用相机识别减速器工件形状、位置和颜色；

6. 能够正确使用相机标定工件实际尺寸与像素比；

7. 能够正确设置相机通信参数及输出数据；

8. 能够正确完成 PLC 与相机的组态及通信编程；

9. 能够通过工业机器人控制相机拍照，并获取相机数据；

10. 能够设计基于视觉的工件分拣应用流程；

11. 能够使用基准位置偏移法正确抓取工件；

12. 能够编制工业机器人程序，正确完成基于视觉的工件分拣综合应用。

学习导图

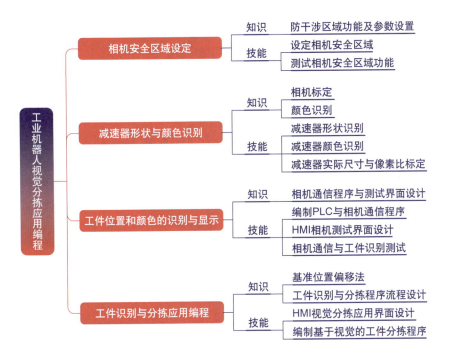

工业机器人视觉分拣应用编程

相机安全区域设定
- 知识：防干涉区域功能及参数设置
- 技能：
  - 设定相机安全区域
  - 测试相机安全区域功能

减速器形状与颜色识别
- 知识：
  - 相机标定
  - 颜色识别
- 技能：
  - 减速器形状识别
  - 减速器颜色识别
  - 减速器实际尺寸与像素比标定

工件位置和颜色的识别与显示
- 知识：相机通信程序与测试界面设计
- 技能：
  - 编制PLC与相机通信程序
  - HMI相机测试界面设计
  - 相机通信与工件识别测试

工件识别与分拣应用编程
- 知识：
  - 基准位置偏移法
  - 工件识别与分拣程序流程设计
- 技能：
  - HMI视觉分拣应用界面设计
  - 编制基于视觉的工件分拣程序

平台准备

实训平台	FANUC工业机器人	快换装置模块	吸盘工具
立体库模块	上料模块	输送模块	视觉检测模块
棋盘格模块			

快换装置模块

立体库模块

上料模块

输送模块

棋盘格模块

视觉检测模块

任务 4.1　相机安全区域设定

任务提出

随着制造业快速发展,越来越多的工业机器人被用于工业生产中。在很多生产流程中,工业机器人与周边设备容易发生碰撞,造成安全事故。因此,如何避免工业机器人发生碰撞自然就成了首要问题,这直接关系到企业的安全生产。在生产过程中,为了避免多台工业机器人共同工作或者工业机器人与其他设备配合工作时发生干涉碰撞,用户可以通过区域监控功能设定工业机器人的安全工作空间。

以相机为例,工业机器人作业过程中容易与相机发生碰撞,如图 4-1 所示。本任务通过对防干涉区域功能的定义、设定方法、指令使用方法的学习,掌握相机安全区域的设定方法,设定相机的安全区域如图 4-2 中的虚线长方体所示,使工业机器人进入相机安全区后立即停止运动,防止工业机器人与相机发生碰撞,造成相机设备的损坏。

图 4-1　工业机器人与相机碰撞

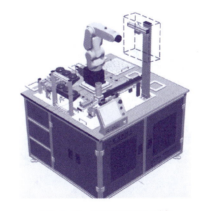

图 4-2　相机安全区域

本任务主要包括以下内容:

1. 了解区域监控功能;

2. 熟悉区域监控功能界面及其设置方法;

3. 熟悉区域监控指令;

4. 掌握基于区域监控功能的相机安全区域设定；

5. 通过测试相机安全区域，验证区域监控功能。

🦾 知识准备

4.1.1　防干涉区域功能及参数设置

FANUC 工业机器人具有防干涉区域功能。该功能是以工业机器人工具中心点为参考点，限制工具中心点在指定区域内工作或者禁止进入指定区域。此功能可以有效地保护工业机器人或者现场设备，当工具中心点将要离开允许工作区域或进入禁止区域时，提前给出报警，停止工业机器人运动。

工业机器人从工具中心点进入干涉区域内的时刻起减速停止，所以工业机器人实际停止的位置，是进入干涉区域内的位置。此外，工业机器人的动作速度越快，停止位置进入干涉区域内就越深。因此，考虑到此要素和工具的大小等因素，可以设定较大的干涉区域。

FANUC 工业机器人最多可以设置 10 个防干涉区域，如图 4-3 所示。

防干涉区域功能的参数设置界面如图 4-4 所示，防干涉区域功能的区域设置界面如图 4-5 所示。

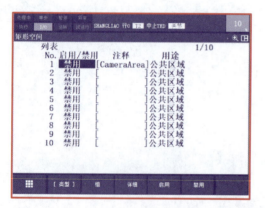

图 4-3　FANUC 工业机器人防干涉区域功能

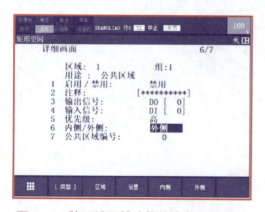

图 4-4　防干涉区域功能的参数设置界面

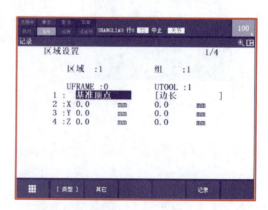

图 4-5　防干涉区域功能的区域设置界面

防干涉区域功能的参数说明如表 4-1 所示。

表 4-1　防干涉区域功能的参数说明

序号	参数	功能说明
1	启用／禁用	启用或禁用防干涉区域功能。只有在禁用防干涉区域功能的条件下，才可以修改参数
2	注释	防干涉区域功能的说明。最多可以添加 10 个字符的注释
3	输出信号	设置输出信号。工具中心点处在干涉区域内时，该输出信号断开；处在干涉区域外时，该输出信号接通
4	输入信号	设置输入信号。在输入信号断开状态下，工业机器人试图进入干涉区域时，工业机器人进入保持状态。当输入信号接通时，保持状态就被解除，系统自动重新开始操作
5	优先级	两台以上工业机器人使用本功能的情况下，当两台工业机器人试图同时进入干涉区域时，指定哪个工业机器人优先进入干涉区域
6	内侧／外侧	指定长方体的内侧或外侧作为干涉区域
7	公共区域编号	干涉区域的编号

防干涉区域功能的区域设置说明如表 4-2 所示。

表 4-2　防干涉区域功能的区域设置说明

序号	参数	功能说明
1	基准顶点	设置干涉区域长方体的顶点位置
2	边长／对角顶点	在选择"边长"的情况下，指定从基准顶点到沿用户坐标系的 X、Y、Z 轴的长方体的边长（长方体各边必须平行于用户坐标系的坐标轴）。在选择"对角顶点"的情况下，以基准顶点和对角顶点形成的长方体作为干涉区域

任务实施

4.1.2　设定相机安全区域

设定相机安全区域的步骤如下。

操作步骤	操作说明	示意图
1	在示教盒上按下"MENU"键,然后依次选择"设置"→"防干涉区域"	
2	选择干涉区域"1",单击"详细"按钮,进入干涉区域参数设置界面	
3	设置干涉区域功能的参数如下:"注释"为"CameraArea","输出信号"为"DO［106］","输入信号"为"DI［106］","优先级"为"高","内侧／外侧"为"内侧"	
4	手动操作工业机器人,移动到所需设置干涉区域的基准顶点	
5	在防干涉区域的区域设置界面单击"记录"按钮	

操作步骤	操作说明	示意图
6	设置 X、Y、Z 方向上的边长	
7	干涉区域的参数及区域设置完成后，启动防干涉区域功能，即完成相机安全区域的设定	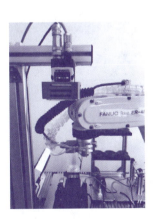

4.1.3　测试相机安全区域功能

相机安全区域设定完成后，启动相机安全区域，如图 4-6 所示。

手动操作工业机器人靠近相机安全区域，如图 4-7 所示。

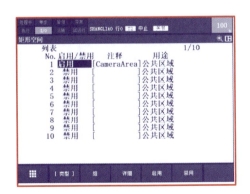

图 4-6　启动相机安全区域　　　　图 4-7　工业机器人进入相机安全区域

微课
测试相机安全区域功能

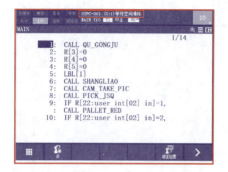

图 4-8　工业机器人进入相机安全
区域报警提示

拓展练习 4.1

当工业机器人进入相机安全区域后停止运动,示教盒上出现报警提示,如图 4-8 所示。

如需要再次启动工业机器人,首先需要将相机安全区域禁用,然后将工业机器人移出相机安全区域,然后再次启用相机安全区域。

任务 4.2　减速器形状与颜色识别

教学课件
任务 4.2

任务提出

本任务以减速器工件为例,通过相机编程软件对减速器工件形状识别与颜色识别的学习,掌握工件颜色识别的基本方法,实现相机对减速器工件的视觉定位与颜色检测,获取减速器工件的位置信息与颜色信息,并通过相机编程软件获取减速器工件外圆直径的像素值,工件外圆直径的实际尺寸与像素值的比值可用于工业机器人抓取工件的位置偏差。

微课
减速器形状与
颜色识别

本任务主要包括以下内容:

1. 了解相机标定的基础知识;

2. 了解颜色识别的基础知识;

3. 掌握减速器工件的形状识别,获取减速器工件的位置信息;

4. 掌握减速器工件的颜色识别,能够识别红、黄和蓝三种颜色的减速器工件;

5. 掌握工件实际尺寸与像素比标定方法。

知识准备

4.2.1　相机标定

微课
相机标定

在机器视觉领域,相机的标定是一个关键的环节,它决定了机器视觉系统能否有效地定位,能否有效地计算目标物。相机的标定基本上可以分为两种:第一种是相机的自标定;第二种是依赖于标定参照物的标定方法。前者是相机拍摄周围物体,通过数字图像处理的方法和相关的几何计算得到相机参数,但是这种方法标定的结果误差较大,不适合高精度应用场合。后者是通过标定参照物,由相机成像,并通过数字图像处理的方法,以及后期的空间算术运算来计算相机的内参和外参。这种标定方法的精度高,适用于对精度要求高的应用场合。

相机分为平面相机和三维相机,前者只支持平面数据采集,后者则可以获取 XYZ 三维空间值。以三维相机为例,要详细建立相机三维空间的位置与工业机器人坐标系的对应关系,必须通过严格的手眼标定来实现。不同相机有不同的手眼标定算法,通过示教多个点来建立手眼转换关系。

如果只做平面工件抓取,那只需要工件变化的坐标值 X、Y 以及绕 Z 轴的转动角度,只需要进行平面的简单标定即可实现。以康耐视相机为例,如果需要实现流水线来料的抓取操作,标定平面坐标系即可,康耐视相机可以提供移动后的工件相对于移动前的偏移位置量,或者提供工件的绝对移动位置。

要实现将相机采集的数据转换为工业机器人坐标系下的位姿数据,必须建立相机坐标系与工业机器人坐标系的对应转换关系,该过程通过相机标定来实现。相机和工业机器人坐标系对应有绝对坐标和相对坐标两种方法。

1. 绝对坐标实现

绝对坐标的实现必须借助工业机器人的用户坐标系,即工业机器人在用户坐标系下做绝对位置运动。具体实现由以下几个步骤组成。

首先,用工业机器人三点法示教出一个固定用户坐标系。用户坐标系的原点根据实际情况而定,一般选择物体上一个固定位置参考点,该参考点要便于相机进行坐标转换标定。

其次,进行相机坐标与实际位置坐标的标定转换。在完成第一步中的固定用户坐标系标定后,在该坐标系下选取工件上的三点,计算出这三点在用户坐标系的 X、Y 值(该步骤可通过工业机器人协助示教获得在用户坐标系下的位姿值)。在图像输入的"校准"模块中,完成相机坐标与实际位置坐标的校准参数转换。

最后,工业机器人实现绝对位置运动。在完成第二步后,工件每偏移一点,相

机均可计算出其在用户坐标系下新的位置值 X、Y 和绕 Z 轴的角度值。这样,只需要在示教盒程序中设置抓取运动点参考的坐标系为用户坐标系即可。

2. 相对坐标实现

相对坐标的实现就比较简单,只需要将相机坐标转换为实际位置坐标即可。在工件上选取三个特征点,用带尖端末端执行器的工业机器人示教出这三点在工业机器人基坐标系下的坐标值(主要是 X 和 Y)。按照校准流程制作出校准参数。这样,工件偏移后,相机可以直接计算出其新的坐标 X、Y 和绕 Z 轴的角度值。需要注意的是,使用相对坐标运动时,相机输出数据必须是相对量,即测量坐标与基准坐标之差,而不是绝对测量坐标。

4.2.2　颜色识别

机器视觉技术应用方向很多,包括尺寸测量、缺陷检测、颜色识别等,其中颜色识别主要用于不同颜色产品的分选、识别及检测等场合。常见的工业应用包括生产流水线混装瓶盖颜色识别、电缆内线识别、电子元器件色差识别等。

1. 颜色识别的影响因素

颜色是外界光刺激作用于人的视觉器官而产生的主观感觉。颜色分两大类:非彩色和彩色。非彩色是指黑色、白色和介于这两者之间深浅不同的灰色,也称为无色系列。彩色是指除了非彩色以外的各种颜色。颜色有三种基本属性,分别是色调、饱和度和亮度。基于这三种基本属性,提出了一种重要的颜色模型——HSI (Hue,Saturation,Intensity)。

2. 显示分辨率和图像分辨率

显示分辨率是指显示屏上能够显示的数字图像的最大像素行数和最大像素列数,取决于显示器上所能够显示的像素点之间的距离。图像分辨率反映了数字化图像中可分辨的最小细节,也即图像的空间分辨率。在这里将图像分辨率看成是图像阵列的大小。

同一显示器(或显示分辨率相同的不同显示器)显示的图像大小只与被显示的图像(阵列)的空间分辨率大小有关,与显示器的显示分辨率无关。换句话说,具有不同空间分辨率的数字图像在同一显示器上的显示分辨率相同。

当同一幅图像(或图像分辨率相同的不同图像)显示在两个不同显示分辨率的显示器上时,显示图像的外观尺寸与显示器的显示分辨率有关:显示分辨率越高,显示出的图像的外观尺寸越小;显示分辨率越低,显示出的图像的外观尺寸越大。

3. 颜色 RGB 的表示方法

根据人眼的结构,所有颜色都可看作是三种基本颜色,即红、绿、蓝按照不同的比例组合而成。R 表示红(Red)、G 表示绿(Green)和 B 表示蓝(Blue)。RGB 色彩模式是工业界的一种颜色标准,通过红(R)、绿(G)、蓝(B)三个颜色通道的变化以及它们相互之间的叠加可以得到各式各样的颜色。这个标准几乎包括了人类视力所能感知的所有颜色,是目前运用最广的颜色系统之一。

RGB 是根据颜色发光的原理设计的,通俗点说它的颜色混合方式就好像有红、绿、蓝三盏灯,当它们的光相互叠合的时候,色彩相混,而亮度却等于三者亮度之总和,越混合亮度越高,即加法混合。红、绿、蓝三盏灯的叠加情况,中心三色最亮的叠加区为白色,加法混合的特点:越叠加越明亮。红、绿、蓝三个颜色通道每种色各分为 256 阶亮度,在 0 时"灯"最弱,是关掉的,而在 255 时"灯"最亮。当三色灰度数值相同时,产生不同灰度值的灰色调,即三色灰度都为 0 时,是最暗的黑色调;三色灰度都为 255 时,是最亮的白色调。

调色板是指在 16 色或 256 色显示系统中,将图像中出现最频繁的 16 种或 256 种颜色组成一个颜色表,并将它们分别编号为 0~15 或 0~255,这样就使每一个 4 位或 8 位的颜色编号与颜色表中的 24 位颜色值(对应一种颜色的 R、G、B 值)相对应。这种 4 位或 8 位的颜色编号称为颜色的索引号,由颜色索引号及其对应的 24 位颜色值组成的表称为颜色查找表(look up table,LUT),也称为调色板。

RGB 颜色是指显示器的显示模式。RGB 图像的颜色是非映射的,它可以从系统的"颜色表"里自由获取所需的颜色,这种图像文件里的颜色直接与计算机上显示的颜色相对应。在真彩色图像中,每一个像素由红、绿和蓝三个字节组成,每个字节为 8bit,表示 0~255 之间的不同的亮度值,这三个字节组合可以产生 1 670 万种不同的颜色。常用颜色的 RGB 值组合如表 4-3 所示。

表4-3　常用颜色的 RGB 值组合

RGB	黑色	白色	红色	绿色	蓝色	青色	紫色	黄色	灰色	橄榄色	深青色	银色
R 分量	0	255	255	0	0	0	255	255	128	128	0	192
G 分量	0	255	0	255	0	255	0	255	128	128	128	192
B 分量	0	255	0	0	255	255	255	0	128	0	128	192

由于测试颜色 RGB 值时，没有一个标准定义的色标值，所以在对颜色检测之前，用一张白色纸张，对相机进行白平衡调整，这个方法有助于颜色检测。另外，在计算机自带的画图工具中选择颜色(都是带有标准 RGB 数值的颜色)，之后用相机仿真，图像分析处理后 RGB 值与理论值相吻合，即可实现校准。

任务实施

微课
减速器形状
识别

4.2.3　减速器形状识别

减速器形状识别采用"定位部件"工具下的"图案"工具，选取减速器的外圆作为形状识别的特征。减速器形状识别的步骤如下。

操作步骤	操作说明	示意图
1	将任一颜色的减速器放置于输送模块的传送带末端	
2	调试焦距、图像亮度、曝光时间等相机参数，直到相机拍照获取清晰的图像为止	
3	在"应用程序步骤"中选择"定位部件"	

操作步骤	操作说明	示意图
4	在"位置工具"中选择"图案"工具,并双击运行	
5	选中搜索框,调整搜索框的大小和位置,如右图所示	
6	选中模型框,调整模型框的大小和位置,如右图所示	
7	减速器形状识别如右图所示	
8	将减速器形状识别工具"名称"修改为"JSQ"	

4.2.4 减速器颜色识别

本项目会用到红色、黄色和蓝色三种颜色的减速器,需要分别对这三种颜色的减速器进行图像学习。减速器的颜色识别步骤如下。

微课
减速器颜色
识别

操作步骤	操作说明	示意图
1	将红色减速器放置于输送模块的传送带末端	

操作步骤	操作说明	示意图
2	选择"颜色像素计数"工具	
3	选择"形状"为"圆"	
4	调整圆框的大小和位置,圆框大小和工件外圆一样,圆框位置和工件外圆重合	
5	单击"确定"按钮,然后再进行训练颜色	
6	单击"训练颜色"按钮,进入颜色训练界面,选择"要添加的颜色"。单击圆框中的区域,直到黄色覆盖整个圆框,最后单击"完成颜色选择"按钮	
7	最后将红色减速器的颜色像素计数工具"名称"修改为"Red"	
8	将黄色减速器放置于输送模块的传送带末端	

操作步骤	操作说明	示意图
9	参照上述方法，设置黄色减速器的颜色像素计数工具"名称"为"Yellow"，完成黄色减速器的颜色识别	
10	将蓝色减速器工件放置于输送模块的传送带末端	
11	参照上述方法，设置蓝色减速器的颜色像素计数工具"名称"为"Blue"，完成蓝色减速器的颜色识别	
12	保存相机工程	

4.2.5　减速器实际尺寸与像素比标定

工件实际尺寸与像素比就是工件的实际尺寸和相机拍照得到的工件尺寸像素的比值。实际尺寸与像素比将用于计算工业机器人抓取工件时的抓取位置偏移量。实际尺寸与像素比标定步骤如下。

微课
减速器实际尺寸与像素比标定

操作步骤	操作说明	示意图
1	在相机编程软件中选择"检查部件"	
2	选择"测量工具"下的"圆直径"工具，并双击运行	

操作步骤	操作说明	示意图
3	选择工件的外圆,单击"确定"按钮	
4	得到工件外圆直径的像素值为353。用直尺测量工件的实际外圆直径为 50 mm,得到实际尺寸与像素比为 0.141 6	

拓展练习 4.2

任务 4.3　工件位置和颜色的识别与显示

教学课件
任务 4.3

微课
工件位置和颜色的识别与显示

任务提出

在任务 4.2 的基础上,本任务通过对相机通信设置、PLC 与相机通信编程、HMI(人机交互界面)设计的学习,熟悉 PLC 与相机的 PROFINET 通信方式,掌握 PLC 与相机的系统组态,编制 PLC 与相机的通信程序,并设计相机测试界面,实现工业机器人发送相机拍照指令给 PLC,PLC 控制相机拍照;相机拍照识别工件位置与颜色后,将上述工件信息数据发送给 PLC,PLC 再将数据发送给工业机器人,并在 HMI 上显示工件位置和颜色信息。本任务主要包括以下内容:

1. 掌握 PLC、HMI 和相机的通信方式以及通信流程;

2. 掌握相机的 PROFINET 通信设置;

3. 掌握 PLC 与相机的组态以及 PLC 与相机的通信编程;

4. 掌握相机测试界面设计及功能实现;

5. 测试并验证相机通信程序以及工件位置与颜色识别。

微课
相机通信程序
与测试界面设
计

知识准备

4.3.1 相机通信程序与测试界面设计

1. 相机通信程序设计

PLC、HMI 和相机之间的通信方式如图 4-9 所示。

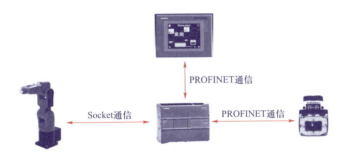

图 4-9 PLC、HMI 和相机之间的通信方式

相机通信程序流程设计如下：

① 工业机器人将相机拍照指令发送给 PLC，PLC 控制相机拍照；

② 相机拍照识别工件形状与颜色后，将工件的位置和颜色数据发送给 PLC；

③ PLC 将接收到的工件位置与颜色数据处理后发送给工业机器人。

2. 相机测试界面设计

相机测试界面设计如图 4-10 所示。相机测试界面主要由相机拍照按键、工件颜色显示、工件 XY 坐标像素值显示和工件 XY 坐标实际值显示组成。

图 4-10 相机测试界面

相机测试界面功能设计如下：

功能 1：可以手动触发相机拍照。按下相机拍照按钮，相机进行拍照；松开相机拍照按钮，相机处于拍照准备状态。

功能 2：显示相机检测到的工件颜色，红、黄、蓝三种颜色分别代表红色、黄色、蓝色三种颜色的工件。

功能 3：显示相机检测到的工件位置 X 坐标和 Y 坐标的像素值。

功能 4：显示相机检测到的工件位置 X 坐标和 Y 坐标的实际值。

🔧 任务实施

4.3.2　编制 PLC 与相机通信程序

1. 设置相机通信数据

图 4-11　相机通信数据

编制 PLC 与相机通信程序前，必须在相机编程软件中对相机的通信方式以及通信数据进行设置。本节任务中相机采用 PROFINET 协议和 PLC 进行通信，通信输出数据为工件形状、位置和颜色。基于任务 4.2 中的工件形状与颜色识别，设置相机通信数据如图 4-11 所示。

2. 系统设备组态

工业机器人视觉分拣应用中需组态的设备包括 PLC、HMI 和相机。组态设备明细如表 4-4 所示。

表 4-4　组态设备明细

序号	设备	订货号	版本号	IP 地址分配
1	SIMATIC S7-1200	6ES7 215-1AG40-0XB0	V4.2	192.168.101.13
2	TP700 精智面板	6AV2 124-0GC01-0AX0	15.0.0	192.168.101.10
3	In-Sight IS2000×××CC-B	IS2000-×××	5.8.0	192.168.101.50

基于上述组态设备明细，PLC 与相机组态的具体步骤如下。

操作步骤	操作说明	示意图
1	打开 PLC 编程软件，添加 PLC 和 HMI 设备，并进行参数设置	
2	在设备硬件目录中选择"In-Sight IS2×××CC-B"，并双击加载	
3	进入相机的属性界面，在"IP 协议"下输入"IP地址"：192.168.101.50。	
4	在设备与网络界面中，单击相机的"未分配"，在弹出的菜单中选择"PLC_1.PROFINET接口 _1"，连接到 PLC。完成 PLC、HMI 和相机的组态	

3. 编制 PLC 与相机的通信程序

之前的项目中已详细介绍过工业机器人控制相机拍照及接收反馈数据的流程，以及 PLC 与工业机器人通信编程，这里不再重复赘述。

定义工业机器人与 PLC 的相机接口对应关系及其功能，如表 4-5 所示。

表 4-5　工业机器人与 PLC 的相机接口对应关系及其功能

工业机器人端	方向	PLC 端	说明
R［61：user int［01］out］	ROB→PLC	PLC_RCV_DATA.RB 自定义数据［0］	0—清除拍照指令 1—触发相机拍照
R［21：user int［01］in］	PLC→ROB	PLC_SEND_DATA.RB 自定义数据［0］	0—相机未识别到工件 1—相机识别到工件

工业机器人端	方向	PLC 端	说明
R［22:user int［02］in］	PLC→ROB	PLC_SEND_DATA.RB 自定义数据［1］	0—相机未识别到颜色 1—相机识别到红色工件 2—相机识别到黄色工件 3—相机识别到蓝色工件
R［23:user int［03］in］	PLC→ROB	PLC_SEND_DATA.RB 自定义数据［2］	相机识别到工件位置的 X 值
R［24:user int［04］in］	PLC→ROB	PLC_SEND_DATA.RB 自定义数据［3］	相机识别到工件位置的 Y 值

编制 PLC 与相机通信程序时需要注意 FANUC 工业机器人端自定义数据接口数量类型是整型,而相机反馈的工件位置数据是实数,所以 PLC 端需要先将工件位置数据放大 100 倍再发送给工业机器人,防止数据丢失,造成工业机器人抓取位置不精确。具体的步骤如下。

操作步骤	操作说明	示意图
1	在 PLC 编程软件中打开 PLC 默认变量表,结合相机通信接口及其地址,新建右图所示变量	默认变量表 名称　数据类型　地址 识别减速器工件　Int　%IW74 工件位置的X像素值　Real　%ID76 工件位置的Y像素值　Real　%ID80 识别红色工件　Int　%IW84 识别黄色工件　Int　%IW86 识别蓝色工件　Int　%IW88 相机拍照准备　Bool　%Q2.0 触发相机拍照　Bool　%Q2.1
2	新建函数块"相机通信程序"。添加指令,使"相机拍照准备"变量常为 TRUE	程序段 1: 注释 %IM1.2 "Always TRUE"　　　%Q2.0 "相机拍照准备"
3	添加工业机器人控制相机拍照程序	%DB46.DBD268 "DB_RB_CMD".RB_CMD.RB自定义数据[0]　==　DInt　1　　　%Q2.1 "触发相机拍照"
4	将"识别减速器工件"赋值给相应的数据接口,通过 PLC 发送给工业机器人	MOVE EN — ENO %IW74 "识别减速器工件" — IN　　%DB1.DBD196 "DB_PLC_STATUS".PLC_STATUS. ⁂ OUT1 — PLC自定义数据[0]

操作步骤	操作说明	示意图
5	将工件位置的像素值转换为实际位置值,再放大 100 倍并赋值给相应的数据接口,通过 PLC 发送给工业机器人	
6	判断工件的颜色,当相机未识别到工件的颜色,PLC 自定义数据[1]赋值 0,通过 PLC 发送给工业机器人	
7	判断工件的颜色,当相机识别到红色工件,PLC 自定义数据[1]赋值 1,通过 PLC 发送给工业机器人	
8	判断工件的颜色,当相机识别到黄色工件,PLC 自定义数据[1]赋值 2,通过 PLC 发送给工业机器人	
9	判断工件的颜色,当相机识别到蓝色工件,PLC 自定义数据[1]赋值 3,通过 PLC 发送给工业机器人	
10	相机程序添加到主程序中	

4.3.3　HMI 相机测试界面设计

HMI 相机测试界面编程的步骤如下。

微课
HMI 相机测试
界面设计

操作步骤	操作说明	示意图
1	在相机通信程序的背景数据块中添加"HMI手动拍照"变量	相机通信程序 名称　数据类型　默认值 Input Output InOut Static HMI手动拍照　Bool　false Temp Constant
2	在原有的相机通信程序中添加手动拍照控制程序	%DB2.DBD0 "DB_RB_CMD".PLC_RCV_Data.RB自定义数据[0] DInt %Q2.1 "触发相机拍照" #HMI手动拍照
3	在HMI的"默认变量表"中新建右图所示变量,并绑定到相应的"PLC变量"	默认变量表 名称　数据类型　连接　PLC变量 HMI手动拍照　Bool　HMI_连接_1　相机通信程序_DB.HMI手动拍照 工件X坐标像素值　Real　HMI_连接_1　工件位置X像素值 工件X坐标实际值　Real　HMI_连接_1　DB_PLC_STATUS.PLC_STATUS.相机数据[0] 工件Y坐标像素值　Real　HMI_连接_1　工件位置Y像素值 工件Y坐标实际值　Real　HMI_连接_1　DB_PLC_STATUS.PLC_STATUS.相机数据[1] 工件颜色　Int　HMI_连接_1　DB_PLC_STATUS.PLC_STATUS.相机状态[1]
4	HMI相机测试界面设计如右图所示	工业机器人应用编程相机测试界面 相机拍照　工件颜色 像素值　实际值 工件X坐标 +0000000 +0000000 工件Y坐标 +0000000 +0000000
5	"相机拍照"按钮的"按下"事件为"置位位","释放"事件为"复位位",变量绑定到"HMI手动拍照"	单击 按下 释放 激活 取消激活 更改 置位位 变量(输入/输出) HMI手动拍照 ＜添加函数＞ 单击 按下 释放 激活 取消激活 更改 复位位 变量(输入/输出) HMI手动拍照 ＜添加函数＞
6	"工件颜色"显示图标的外观绑定到变量"工件颜色"	外观 变量 名称:工件颜色 地址: 类型 ●范围 ○多个位 ○单个位 范围　背景色　边框颜色　闪烁 0　217, 217, 217　24, 28, 49　否 1　255, 0, 0　24, 28, 49　否 2　255, 255, 0　24, 28, 49　否 3　0, 0, 255　24, 28, 49　否

操作步骤	操作说明	示意图
7	工件 X 坐标的像素值绑定到变量"工件 X 坐标像素值",类型为"输出"	**常规** **过程** 变量: 工件X坐标像素值 PLC变量: 工件位置的X像素值 地址: Real **类型** 模式: 输出
8	同理,工件 Y 坐标的像素值绑定到变量"工件 Y 坐标像素值",类型为"输出"	**常规** **过程** 变量: 工件Y坐标像素值 PLC变量: 工件位置的Y像素值 地址: Real **类型** 模式: 输出
9	工件 X 坐标的实际值绑定到变量"工件 X 坐标实际值",类型为"输出"	**常规** **过程** 变量: 工件X坐标实际值 PLC变量: 相机通信程序_DB.工件位置X实际值 地址: Real **类型** 模式: 输出
10	同理,工件 Y 坐标的实际值绑定到变量"工件 Y 坐标实际值",类型为"输出"	**常规** **过程** 变量: 工件Y坐标实际值 PLC变量: 相机通信程序_DB.工件位置Y实际值 地址: Real **类型** 模式: 输出

4.3.4 相机通信与工件识别测试

将 PLC 程序和 HMI 下载到 PLC 和 HMI 设备中,分别通过 HMI 手动拍照、工业机器人控制相机拍照两种方式测试 PLC 与相机的通信以及相机对工件形状、位置和颜色的识别。

1. HMI 手动拍照及接收数据测试

HMI 手动拍照及接收数据测试的步骤如下。

微课
相机通信与工件识别测试

操作步骤	操作说明	示意图
1	手动将蓝色减速器工件放置于输送模块的传送带末端	
2	在 HMI 设备的相机测试界面上按下"相机拍照"按钮,控制相机拍照。相机检测到的工件位置与颜色信息如右图所示	工业机器人应用编程相机测试界面 相机拍照　　　工件颜色 像素值　实际值 工件X坐标 +236.022　+33.421 工件Y坐标 +317.693　+44.985
3	手动将红色减速器工件放置于输送模块的传送带末端	
4	在 HMI 设备的相机测试界面上按下"相机拍照"按钮,控制相机拍照。相机检测到的工件位置与颜色信息如右图所示	工业机器人应用编程相机测试界面 相机拍照　　　工件颜色 像素值　实际值 工件X坐标 +265.417　+37.583 工件Y坐标 +308.327　+43.659
5	手动将黄色减速器工件放置于输送模块的传送带末端	
6	在 HMI 设备的相机测试界面上按下"相机拍照"按钮,控制相机拍照。相机检测到的工件位置与颜色信息如右图所示	工业机器人应用编程相机测试界面 相机拍照　　　工件颜色 像素值　实际值 工件X坐标 +242.265　+34.305 工件Y坐标 +316.777　+44.856

2. 工业机器人控制相机拍照及接收数据测试

工业机器人控制相机拍照及接收数据测试的操作步骤如下。

操作步骤	操作说明	示意图
1	手动将黄色减速器工件放置于输送模块的传送带末端	
2	在示教盒上手动将"R［61:user int［01］out］"赋值为1,触发相机拍照	
3	"R［21:user int［01］in］"的值为1,代表相机识别到减速器工件。"R［22:user int［02］in］"的值为2,代表相机检测工件颜色是黄色。"R［23:user int［03］in］"的值为3349,代表相机识别到工件X坐标实际值为33.49。"R［24:user int［04］in］"的值为4337,代表相机识别到工件Y坐标实际值为43.37	

拓展练习4.3

任务 4.4　工件识别与分拣应用编程

任务提出

现有一台工业机器人视觉分拣工作站,主要由工业机器人、快换装置模块、立体库模块、上料模块、输送模块、视觉检测模块、变位机模块、装配模块和棋盘格模块组成。现有一批红、黄、蓝三种颜色的减速器工件(如图4-12所示),采用相机识别工件的形状、位置和颜色,然后工业机器人通过视觉定位抓取减速器工件,按照

教学课件
任务4.4

(1) 红色减速器工件

(2) 黄色减速器工件

(3) 蓝色减速器工件

图 4-12　减速器工件

相同颜色的减速器工件进行码垛。工件分拣码垛过程中,设定相机安全区域,防止工业机器人与相机发生碰撞。

　　为完成上述任务,先采用工业机器人的区域监控功能,设定相机的安全区域;然后进行相机参数调试,在相机编程软件中对减速器工件的形状和颜色进行识别,并设置相机的 PROFINET 通信及输出数据;再编制 PLC 和工业机器人通信程序、PLC 和相机通信程序,实现工业机器人发送拍照指令控制相机拍照,并接收相机检测到的工件形状、位置与颜色数据;最后编制工业机器人程序,控制上料模块出料,待传感器检测到工件后控制相机拍照,接收相机反馈的工件形状、位置与颜色数据,抓取输送模块传送带末端的减速器工件,并按照相同颜色的工件进行码垛,实现基于视觉的工件分拣应用。

　　本任务主要包括以下内容:

　　1. 掌握基准位置偏移法;

　　2. 掌握基于视觉的工件分拣流程;

　　3. 掌握基于视觉的工件分拣应用程序设计;

　　4. 设计工业机器人视觉分拣界面;

　　5. 编制工业机器人程序,完成基于视觉的工件分拣应用。

知识准备

4.4.1　基准位置偏移法

　　基于视觉的工件定位抓取采用基准位置偏移法,即:先将工件摆放在相机视野内的合适位置,相机拍照识别工件在相机坐标系下的位置(X、Y 坐标),工业机器人示教工件的抓取位置,此位置作为基准位置。然后当工件随机摆放在相机视野内的任意位置,相机拍照识别当前当前工件的位置(X、Y坐标),结合相机坐标系和工业机器人坐标系的关系,通过位置偏移计算得到当前工件的抓取位置,工业机器人抓取当前工件。

工业机器人视觉分拣工作站中的相机坐标系与工业机器人世界坐标系的关系如图4-13所示。相机坐标系的X轴正方向与工业机器人世界坐标系的Y轴正方向平行但方向相反,相机坐标系的Y轴正方向与工业机器人世界坐标系的X轴正方向平行且方向相同。

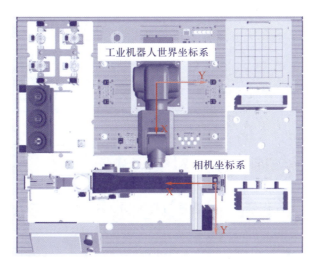

图4-13　相机坐标系与工业机器人世界坐标系的关系

工件摆放在基准位置,相机拍照识别到工件在相机坐标系下的位置(x1,y1),示教工业机器人世界坐标系下抓取工件位置PR[1](p1)。当工件摆放在相机视野下的任意位置,相机拍照识别到工件在相机坐标系下的位置(x2,y2)。

工件在工业机器人世界坐标系下的偏移如图4-14(a)所示。工件在相机坐标系下的偏移如图4-14(b)所示。

根据基准位置偏移法,再结合相机坐标系和工业机器人世界坐标系的关系,可以计算得到工件在任意位置上的工业机器人抓取位置PR[2]。注意:相机识别的工件位置是相机坐标系下的坐标像素值,需要乘以实际尺寸与像素之比(mm_per_pixel),得到实际坐标值。

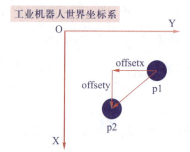
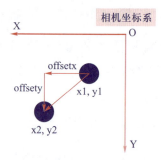

(a) 工件在工业机器人世界坐标系下的偏移　　　　(b) 工件在相机坐标系下的偏移

图 4-14　基准位置偏移法图示

基准位置偏移法的程序示例如下。

```
R[1] = (x2-x1)*mm_per_pixel    // 当前工件位置与基准位置在 X 方向上的偏移值
R[2] = (y2-y1)*mm_per_pixel    // 当前工件位置与基准位置在 Y 方向上的偏移值
PR[2] = PR[1]                  // 将 PR[1] 点赋值给 PR[2] 点
PR[2,1] = PR[2,1] + offsety    // PR[2] 点的 X 坐标值加上相机坐标系下 Y 方向
                                  上的偏移值
PR[2,2] = PR[2,2]-offsetx      // PR[2] 点的 Y 坐标值减去相机坐标系下 X 方向
                                  上的偏移值
```

4.4.2　工件识别与分拣程序流程设计

基于视觉的工件识别与分拣程序流程如图 4-15 所示。基于视觉的工件分拣程序结构如表 4-6 所示。

表 4-6　基于视觉的工件分拣程序结构

序号	程序	程序功能说明
1	QU_GONGJU	工业机器人取工具程序
2	FANG_GONGJU	工业机器人放工具程序
3	SHANGLIAO	料筒出料及输送带启动程序
4	CAM_TAKE_PIC	控制相机拍照程序
5	PICK_JSQ	工业机器人取减速器工件程序
6	PALLET_RED	红色工件码垛程序
7	PALLET_YELLOW	黄色工件码垛程序
8	PALLET_BLUE	蓝色工件码垛程序
9	MAIN	主程序

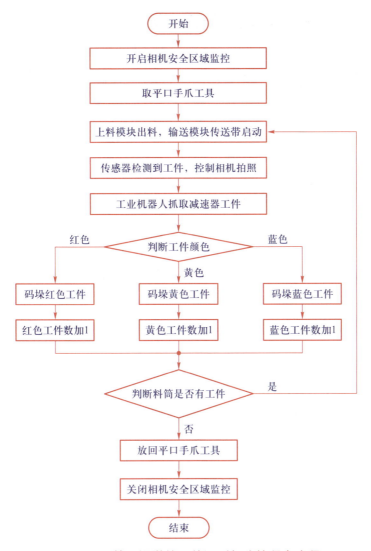

图 4-15　基于视觉的工件识别与分拣程序流程

任务实施

4.4.3　HMI 视觉分拣应用界面设计

工业机器人视觉分拣应用界面如图 4-16 所示，主要包括相机拍照按钮、工件颜色显示、工件 X 坐标（像素值）、工件 Y 坐标（像素值）、红色工件数、黄色工件数和蓝色工件数。

工业机器人视觉分拣应用界面的功能设计如下：

微课
HMI 视觉分拣
应用界面设计

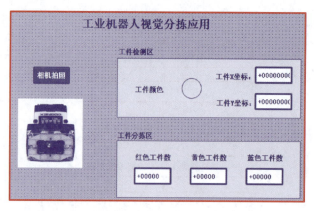

图4-16 工业机器人视觉分拣应用界面

功能1：可以手动触发相机拍照。按下相机拍照按钮，相机进行拍照；松开相机拍照按钮，相机处于拍照准备状态。

功能2：显示相机检测到的工件颜色，红、黄、蓝三种颜色分别代表三种颜色的工件。

功能3：显示相机检测到的工件位置X坐标和Y坐标的像素值。

功能4：显示工业机器人通过视觉分拣的红色、黄色、蓝色工件的数量。

在任务4.3中的相机测试界面的基础上，添加显示红色、黄色、蓝色工件的数量。具体操作步骤如下。

操作步骤	操作说明	示意图
1	完成工业机器人视觉分拣应用界面	
2	在HMI默认变量表中新建右图所示变量	
3	"红色工件数"I/O域绑定到变量红色工件数	

操作步骤	操作说明	示意图
4	"黄色工件数"I/O 域绑定到变量黄色工件数	
5	"蓝色工件数"I/O 域绑定到变量蓝色工件数	

4.4.4 编制基于视觉的工件分拣程序

1. 工件准备

手动将任意数量的红、黄、蓝三种颜色减速器工件放入上料模块的料筒中,如图 4-17 所示。

2. 关键目标点示教

基于视觉的工件分拣应用中所需要用的关键目标点及其说明如表 4-7 所示。

图 4-17 工件准备

表 4-7 关键目标点及其说明

序号	目标点	目标点说明
1	PR［18:Std_Pick_JSQ］	减速器抓取基准位置
2	PR［19:Std_Put_Red］	红色工件放置基准位置
3	PR［20:Std_Put_Yellow］	黄色工件放置基准位置
4	PR［21:Std_Put_Blue］	蓝色工件放置基准位置

表 4-7 中的关键目标点示教位置如图 4-18 所示。

3. 工业机器人视觉分拣应用编程

基于上述基于视觉的工件分拣流程以及程序结构,分别编写工件分拣应用子程序,最后编写工件分拣主程序。取减速器工件程序如表 4-8 所示,工件视觉分拣主程序如表 4-9 所示。

微课
编制基于视觉的工件分拣程序

(a) 减速器抓取基准位置　　(b) 红色工件放置基准位置　　(c) 黄色工件放置基准位置　　(d) 蓝色工件放置基准位置

图 4-18　关键目标点示教位置

表 4-8　取减速器工件程序

行号	示例程序	程序说明
1	R[1]=((R[23]-3349)/100)	工件在相机坐标系的 X 方向上的偏移
2	R[2]=((R[24]-4337)/100)	工件在相机坐标系的 Y 方向上的偏移
3	PR[23]=PR[18]	工件抓取基准点赋值给工件抓取点
4	PR[23,1]=PR[23,1]+R[2]	工件抓取点在 X 方向上进行偏移
5	PR[23,2]=PR[23,2]-R[1]	工件抓取点在 Y 方向上进行偏移
6	J PR[9] 100% FINE	工业机器人移动到原点
7	J PR[23] 100% FINE Offset,PR[14]	工业机器人移动到工件抓取上方点
8	L PR[23] 100mm/sec FINE	工业机器人移动到工件抓取点
9	DO[105]=ON	打开吸盘工具
10	WAIT .50 (sec)	等待 0.5 s
11	L PR[23] 200mm/sec FINE Offset,PR[14]	工业机器人移动到工件抓取上方点
12	J PR[9] 100% FINE	工业机器人移动到原点

表 4-9　工件视觉分拣主程序

行号	示例程序	程序说明
1	CALL QU_GONGJU	调用取平口手爪工具程序
2	R[3]=0	红色工件数清零
3	R[4]=0	黄色工件数清零
4	R[5]=0	蓝色工件数清零
5	LBL[1]	标签 LBL［1］
6	CALL SHANGLIAO	调用工件出料和输送模块运行程序
7	CALL CAM_TAKE_PIC	调用相机拍照程序
8	CALL PICK_JSQ	调用取减速器工件程序
9	IF R[22]=1,CALL PALLET_RED	R［22］为 1,调用码垛红色工件程序
10	IF R[22]=2,CALL PALLET_YELLOW	R［22］为 2,调用码垛黄色工件程序
11	IF R[22]=3,CALL PALLET_BLUE	R［22］为 3,调用码垛蓝色工件程序
12	IF DI[3]=ON,JMP LBL[1]	判断料筒中有料时,跳转到 LBL［1］
13	CALL FANG_GONGJU	调用放平口手爪工具程序

4. 工业机器人视觉分拣应用测试

将一定数量(随机)的红、黄、蓝三种颜色减速器工件放入料筒,如图 4-19 所示。

在示教盒上运行主程序,工业机器人执行视觉分拣作业,如图 4-20 所示。

基于视觉的工件分拣结果如图 4-21(a)所示,HMI 显示结果如图 4-21(b)所示。

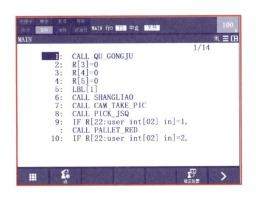

图 4-19　不同颜色减速器工件放入料筒　　　图 4-20　视觉分拣应用主程序

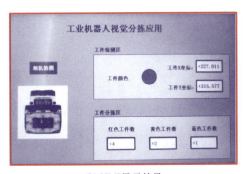

(a) 基于视觉的工件分拣结果　　　　　　(b) HMI 显示结果

图 4-21　工业机器人视觉分拣应用测试结果

拓展练习 4.4

项 目 拓 展

1. 立体库模块电机外壳颜色整理

在工业机器人视觉分拣应用项目硬件平台上,手动安装平口手爪工具,将 2 个红色、2 个黄色、2 个蓝色共 6 个电机外壳随机放置到立体库模块 6 个仓位中,如图 4-22(a)所示为一个工件整理前位置示例,工业机器人逐个抓取并搬运至相机下方进行颜色检测,识别完成后将其返回立体库指定位置,第一列红色,第二列黄色,第

| (a) 工件整理前随机位置图 | (b) 工件整理后位置图 |

图 4-22　工件识别分拣

三列蓝色,如图 4-22(b)所示,若存在工件占位,请自定义一个临时存放区(如输送模块挡板上)用于工件临时存放。请进行工业机器人示教编程,依次循环完成 6 个电机外壳的颜色识别,并按照指定位置入库上。

2. 电机部件形状识别

根据图 4-23(a)调整平台模块布局,更换 25 mm 镜头,调整相机视域和焦距,在绘图模块上随机放置 6 个电机部件(红黄 2 个电机外壳、红黄 2 个电机转子、红黄 2 个电机端盖),利用相机对三种形状电机部件、两种颜色进行学习训练,识别电机部件位置、颜色和角度。相机正确识别后,工业机器人将其搬运到电机搬运模块指定位置上,如图 4-23(b)所示。请进行工业机器人示教编程,完成 6 个电机部件角度、颜色和位置识别,并搬运到电机搬运模块指定位置上。

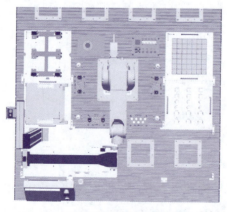

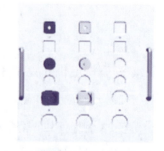

| (a) 视觉检测模块布局图 | (b) 电机搬运模块工件位置图 |

图 4-23　工件识别堆叠搬运

项目五 工业机器人产品定制应用编程

 ## 证书技能要求

工业机器人应用编程证书技能要求(中级)	
1.1.1	能够根据工作任务要求设置总线、数字量I/O、模拟量I/O等扩展模块参数
1.1.2	能够根据工作任务要求设置、编辑I/O参数
2.1.2	能够根据工作任务要求,利用扩展的模拟量信号对输送、检测等典型单元进行工业机器人应用编程
2.2.1	能够根据工作任务要求使用高级功能调整程序位置
2.2.2	能够根据工作任务要求进行中断、触发程序的编制
2.4.1	能够根据工作任务要求,编制工业机器人焊接、打磨、喷涂、雕刻等应用程序
2.4.2	能够根据工作任务要求,编制多种工艺流程组成的工业机器人系统的综合应用程序

 ## 项目引入

在现代工业生产环境中,很多工厂的生产趋于产品的多样化、个性化,而相对的每种产品的生产数量则相应下降。如果以传统的自动化理念生产,生产线的切换是非常耗时的。基于这样的情况,越来越多的自动化流水线或工作站以模块化、柔性化的理念进行设计,使生产过程能够在不同制程甚至不同产品间快速切换。在这样的自动化系统中,产品的生产不再是单一的、固定的,而是可以根据用户需求进行类型和数量的定制。

本项目分4个工作任务:

1. I/O 模块及信号配置;

2. 称重模块的标定及应用;

3. 输送模块传送带的调速及应用;

4. 产品定制工作站应用编程。

 ## 知识目标

1. 掌握 DeviceNet 总线扩展 I/O 模块的配置方法;

2. 掌握数字 I/O 信号的配置方法；

3. 掌握模拟 I/O 信号的配置及标定方法；

4. 掌握并行程序的运行原理并掌握并行程序的设计与应用；

5. 掌握 HMI 画面模板的设计及应用；

6. 掌握工业机器人工作站的设计与调试流程。

能力目标

1. 能够根据需求选配模块，进行平台环境搭建；

2. 能够配置 DeviceNet 总线扩展设备；

3. 能够应用模拟量输入 / 输出信号；

4. 能够根据需求进行产品定制系统的 HMI 设计；

5. 能够根据需求编制产品定制 PLC 及工业机器人等设备程序；

6. 能够编制并使用后台逻辑程序；

7. 能够完成产品定制系统的综合调试。

学习导图

快换装置模块	平口手爪工具	弧口手爪工具	吸盘工具
变位机模块	视觉检测模块	立体库模块	输送模块
RFID模块	电机搬运模块	称重模块	装配模块

装配模块
RFID模块
变位机模块
立体库模块
快换装置模块
称重模块
视觉检测模块
输送模块
电机搬运模块

任务 5.1　I/O 模块及信号配置

任务提出

I/O 模块是系统中各个设备间的基本通信控制接口，FANUC 工业机器人系统提供了开放的接口，用于 I/O 的扩展。DeviceNet 是 FANUC 工业机器人系统中用于外部 I/O 通信的总线协议，可直接兼容支持 DeviceNet 协议的设备或使用协议转换模块间接兼容其他类型的模块。

本任务主要包括以下内容：

1. 扩展 I/O 模块的配置；

2. 数字 I/O 信号的配置。

知识准备

5.1.1　DeviceNet 总线

DeviceNet 是一种自动化技术的现场总线标准，它是一种规范和协议都是开放式的网络标准。DeviceNet 总线如图 5-1 所示。DeviceNet 使用控制器局域网络（CAN）作为其底层的通信协定，其应用层有针对不同设备所定义的行规，主要的应用包括资讯交换、安全设备及大型控制系统。

DeviceNet 是一种简单的网络解决方案，它在提供多供货商同类部件间的可互换性的同时，减少了配线和安装工业自动化设备的成本和时间。DeviceNet 不仅仅使设备之间以一根电缆互相连接和通信，更重要的是它给系统所带来的设备级的诊断功能，该功能在传统的 I/O 上是很难实现的。DeviceNet 主要用于实时传输控制数据，具有以下特点：

① 短帧传输，每帧的最大数据为 8 字节；

② 无破坏性的逐位仲裁技术；

③ 网络最多可连接 64 个节点；

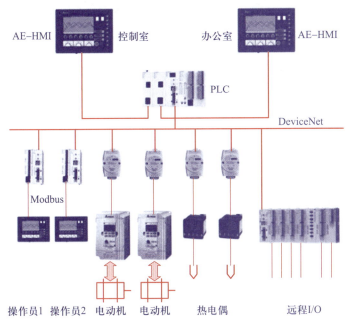

图 5-1 DeviceNet 总线

④ 数据传输率可为 128kbit/s、256kbit/s、512kbit/s；

⑤ 点对点、多主或主 / 从通信方式；

⑥ 采用 CAN 的物理和数据链路层规约。

DeviceNet 网络设备可由总线供电（最大总电流 8A）或使用独立电源供电。DeviceNet 网络电缆传送网络通信信号，并可以给网络设备供电，因此规定了不同规格的电缆：粗电缆、细电缆和扁平电缆，以能够适用于工业环境。

DeviceNet 设备的物理接口可在系统运行时连接到网络或从网络断开，并具有极性反接保护功能。可通过同一个网络，在处理数据交换的同时对 DeviceNet 设备进行配置和参数设置，这样使复杂系统的试运行和维护变得比较简单。而且现在有许多的高效工具供系统集成者使用，使开发变得容易。

5.1.2　DeviceNet 设备

本教材配套平台使用的 DeviceNet 扩展 I/O 设备基于 Beckhoff I/O 模块的总线端子扩展技术，如图 5-2 所示。由一个总线耦合器、多个端子模块以及一个末端端子模块组成。总线耦合器可用于各种总线的直接连接或协议转换，是一种独立于

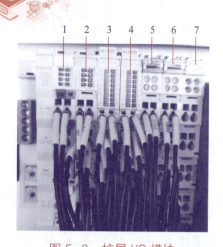

图 5-2　扩展 I/O 模块
1-BK5250；2-KL1408；3-KL1809；
4-KL2809；5-KL3064；6-KL4004；
7-KL9010

现场总线的开放式 I/O 系统，由电子端子排组成。总线耦合器能自动识别所连接的总线端子模块，并自动将输入/输出分配到过程映像区的字节中。总线耦合器将带端子模块总线扩展的端子排视为一个节点，对于现场总线和上位系统来说，扩展是透明的。

BK5250 是用于 DeviceNet 的紧凑型总线耦合器，具有自动检测波特率的功能，有两个地址选择开关用于地址分配，橙色连接器为用于现场总线连接的 5 针接头。

KL1408 是 8 通道数字量输入端子模块，每个通道都有一个 LED 用来指示其信号状态，所有输入的参考接地都是 0 V 电源触点。

KL1809 是 16 通道数字量输入端子模块。

KL2809 是 16 通道数字量输出端子模块。

KL3064 是 4 通道模拟量输入端子模块，可处理 0~10 V 范围内的电压信号。每个通道的运行 LED 指示总线耦合器的数据交换状态。模块的 4 个输入通道具有一个公共的接地电位端，电压被数字化后的分辨率为 12 位，并在电隔离的状态下被传送到上一级设备。

KL4004 是 4 通道模拟量输出端子模块，可生成 0~+10 V 范围内的信号。它的 4 个输出通道有一个共同的内部接地电位，电压被数字化后的分辨率为 12 位。

KL9010 是总线末端端子模块，在 I/O 站最右侧使用。

5.1.3　I/O 配置参数

配置 I/O 信号需要配置三个关键参数，RACK（机架）、SLOT（插槽）和开始点（通道）。机架是指 I/O 模块在系统中的地址，在安装配置 I/O 模块时已确定，当前值为 82；插槽指构成机架的 I/O 模块的编号，此处指扩展模块在 DeviceNet 总线中的地址，当前值为 12；开始点是对连续数字 I/O 的起始物理通道的描述，如图 5-3 所示。

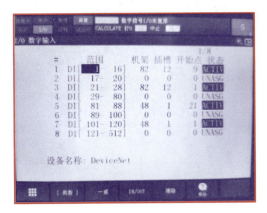

图 5-3 数字输入分配

数字信号的默认数量为 512 个,可任意分段指定长度,但分段无法跳过信号,下一分段的起始点必须衔接上一分段。如果未映射物理通道的信号在程序中被使用,程序运行会出现报错。

在图 5-3 所示的信号分配中,DI[1-16]为 16 个数字输入,对应扩展 I/O 模块(82 机架)从 9 开始的 16 个数字输入通道,即平台桌面的通用数字输入信号在 DI[1-16]显示。如果有必要,可以将其更改为其他信号,例如 DI[51-66]。

48 号机架为系统内部 I/O 模块,在系统中一般使用默认配置,无需更改。

数字输出与数字输入的配置可通过"IN/OUT"按钮切换。

任务实施

5.1.4 扩展 I/O 模块的连接设置

FANUC 工业机器人的 I/O 扩展是通过增加通信接口板实现的,通常用于与外部设备的总线通信。在本平台中,工业机器人控制器安装了"SST 5136-DN4-104"接口板,此接口板为 DeviceNet 协议扩展板。工业机器人控制器通过它与扩展 I/O 模块通信实现数字、模拟 I/O 的扩展。不同的扩展总线通信需要系统对应的软件选项支持,也就是说开启选项才有对应的配置窗口。

FANUC 工业机器人配置扩展 I/O 模块的操作步骤如下。

微课
扩展 I/O 模块
的连接设置

步骤	操作步骤	示意图
1	单击"MENU"按钮打开菜单,选中"I/O"展开下级菜单,在菜单中找到"DeviceNet"并单击	
2	系统最大支持4块扩展板,对应预留的机架81~84。机架号通过扩展板的硬件拨码设置,当前系统配置为82。单击"ONLINE"按钮,等待82号机架状态显示为"ONLINE",再单击"诊断"按钮	
3	在DeviceNet诊断窗口单击"浏览"按钮,系统将自动扫描地址0~63的外部设备	
4	扫描以16个地址为一组,将0~63的地址分为4组依次扫描	
5	扫描完成后,系统显示所有扫描到的设备及其对应的地址。在本系统中,只有地址为12的"BK5250 V01.01"。选中后单击"询问"按钮,在弹出菜单中选择"POLL"	

步骤	操作步骤	示意图
6	系统将显示设备的一些关键信息,由于系统默认只计算数字量的长度,将模拟量的长度也加入数字量,所以模拟输入／输出的长度配置不正确,需要手动修改	
7	将"模拟输入"与"模拟输出"的值都更改为 4(数字量值将自动更新)。将"最初为模拟"栏参数改为"是"。单击"添加定义"按钮,然后单击"添加扫描"按钮。完成后将控制器重新上电使更改的设置生效	

5.1.5 数字 I/O 信号的配置

扩展 I/O 模块配置完成后,需要根据模块配置信号的地址映射。以数字输入信号配置为例,操作步骤如下。

微课
数字 I/O 信号
的配置

步骤	操作步骤	示意图
1	通过菜单按钮打开数字信号监控窗口,单击"分配"按钮进入配置窗口	
2	将 DI[1-16]分配为一段,机架号设为 82,插槽设为 12,开始点设为 9。将 DI[21-28]分配为一段,机架号设为 82,插槽设为 12,开始点设为 1。其余配置无须更改,单击"IN/OUT"按钮切换到数字输出信号配置窗	

步骤	操作步骤	示意图
3	将 DO［1—16］分配为一段，机架号设为82，插槽设为12，开始点设为1。其余配置无须更改。配置完成后重启工业机器人控制器使配置生效	

任务 5.2　称重模块的标定及应用

任务提出

称重系统通常采用应变计组成桥式电路，将应变计引起的电阻变化转换成电压变化来进行测量。通过采集电压的模拟量信号，称重模块可以实现将工件按照其质量不同进行区分，可用于分拣应用，如图 5-4 所示。

如图 5-5 所示，现有两种外形尺寸不同的工件：减速器与输出法兰，由于减速器与输出法兰的质量十分相近，现利用称重模块将其区分。任取减速器与输出法兰各 6 个，合计 12 个工件（每种工件都有红黄蓝 3 种颜色，分拣与颜色无关）。

在 HMI 上输入待分拣工件的总数，显示分拣得到的输出法兰的数量，如图 5-6 所示。其中组输入为工业机器人返回 PLC 的数据即法兰数量，组输出为发送给工

图 5-4　称重模块

(a) 输出法兰

(b) 减速器

图 5-5　减速器及输出法兰

业机器人的数据即待分拣的工件总数。

本任务主要包括以下内容：

1. 组输入/输出配置及 PLC、HMI 程序编写；

2. 模拟量信号配置及标定使用；

3. 基于称重的工件分拣。

图 5-6　组输入/输出测试界面

知识准备

5.2.1　组输入/输出信号

通常一个数字信号只能有 0 或 1 两种状态，而利用组信号可以提高信号利用率。例如表 5-1 所示，仅使用 3 个信号就可以通过 8421 的方式实现 8 种状态组合方式。

表 5-1　组信号真值表

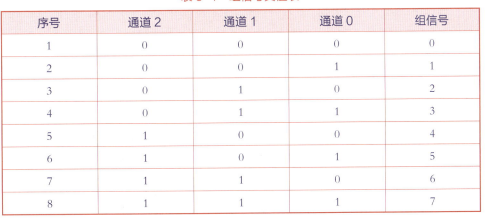

序号	通道 2	通道 1	通道 0	组信号
1	0	0	0	0
2	0	0	1	1
3	0	1	0	2
4	0	1	1	3
5	1	0	0	4
6	1	0	1	5
7	1	1	0	6
8	1	1	1	7

每增加 1 个通道，组信号的真值数量就乘 2。本平台工业机器人系统中预设了 8 位的组输入/输出信号各 1 组（GI1 和 GO1），在"I/O"菜单中的"组"窗口可查看配置信息。8 位的信号配置可以表示 0~255 之间的整数，如图 5-7 所示。GO 对应的是 PLC 端输入点 I0.0~I0.7，GI 则对应 PLC 的输出点 Q0.2~Q1.0（Q0.0 和 Q0.1 为脉冲输出，用于控制旋转供料模块）。

5.2.2　模拟量信号及其标定方法

模拟量是指变量在一定范围连续变化的量，也就是在该范围内可以取任意值。

微课
组输入/输出
信号

微课
模拟量信号及
其标定方法

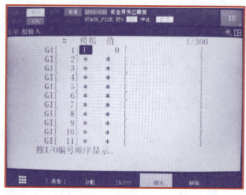

(a) GI组输入界面   (b) GO组输出界面

图 5-7　GI 和 GO 界面

数字量是分立量,只能取有限个分立值。

在实际应用中,通常需要将模拟量与数字量进行相互转化后才能正常使用。这个过程根据转换对象的区别可称为数模(DA)转换或模数(AD)转换。

模拟量的输入/输出由于硬件的原因通常是非线性的,而通常对模拟量的使用都要求线性变化。计算模拟量变化关系并与表示单位关联的过程即称为标定。

如图 5-8 所示,由于干扰等原因导致的模拟量示值与真实值之间会存在一定误差。一般的标定过程可以以直线表达式 $y=kx+b$ 的形式近似表达。其中,k 表示线性比例关系,也就是模拟量值与目标单位的换算比例;而 b 则表示零点的偏移补偿,也就是当物理输入或输出为 0 时模拟量的值。

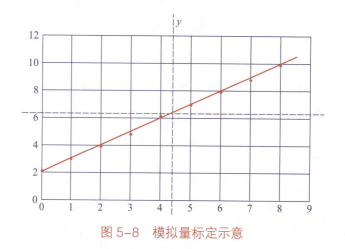

图 5-8　模拟量标定示意

在称重模块的模拟量输入标定中,模拟量信号在未标定前显示的是模拟量的值,需要将其转换为质量的显示。还需要将待分拣工件的质量区间进行测量,从而将两种工件区分开来。使用具有已知质量的标准块对称重模块的量程进行线性标定(可使用1元硬币,其质量为6.1克),将测量得到的数据转化为质量单位克。可以设计如下实验步骤:

① 记录托盘为空时模拟量的读数;

② 放置2个1元硬币,记录模拟量的读数;

③ 放置10个1元硬币,记录模拟量的读数;

④ 根据步骤①、②、③得到的数据计算模拟量示值与质量的换算关系;

⑤ 在已标定的称重模块上分别测量两种待分拣工件的质量区间,即多次测量找到其最大值和最小值。

任务实施

5.2.3 组输入/输出配置及编程

组输入/输出的配置与数字信号配置相似,其操作步骤如下。

步骤	操作说明	示意图
1	打开组输入窗口,进入分配界面,将GI1的机架号更改为82,插槽更改为12,开始点设为1,点数设为8	
2	打开组输出窗口,进入分配界面,将GO1的机架号更改为48,插槽更改为1,开始点设为109,点数设为8	

由于PLC的Q0.0和Q0.1作为脉冲输出用于控制,所以Q0.2~Q1.0的输出点作为组输出需要创建变量重新映射地址。在博途软件中创建工程并组态PLC、HMI等硬件,映射组输出的操作步骤如下。

步骤	操作说明	示意图
1	添加变量 "GPDI"，数据类型为 "USInt"，地址为 "IB0"。添加变量 "GPDO"，数据类型为 "USInt"，地址为 "MB100"。依次创建 Bool 型变量 "GPDO.OUT0~7"，对应地为 Q0.2~Q1.1	GPDI　　USInt　　%IB0 GPDO　　USInt　　%MB100 GPDO.OUT0　Bool　%Q0.2 GPDO.OUT1　Bool　%Q0.3 GPDO.OUT2　Bool　%Q0.4 GPDO.OUT3　Bool　%Q0.5 GPDO.OUT4　Bool　%Q0.6 GPDO.OUT5　Bool　%Q0.7 GPDO.OUT6　Bool　%Q1.0 GPDO.OUT7　Bool　%Q1.1
2	依次创建 Bool 型变量 "GPDO.0~7"，对应地址为 "M100.0~7"	GPDO.0　Bool　%M100.0 GPDO.1　Bool　%M100.1 GPDO.2　Bool　%M100.2 GPDO.3　Bool　%M100.3 GPDO.4　Bool　%M100.4 GPDO.5　Bool　%M100.5 GPDO.6　Bool　%M100.6 GPDO.7　Bool　%M100.7
3	在 SCL 程序块中将 "GPDO.0~7" 的值依次赋值到 "GPDO.OUT0~7"。GPDI 的地址是连续的，不需要重新映射	1 "GPDO.OUT0" := "GPDO.0"; 2 "GPDO.OUT1" := "GPDO.1"; 3 "GPDO.OUT2" := "GPDO.2"; 4 "GPDO.OUT3" := "GPDO.3"; 5 "GPDO.OUT4" := "GPDO.4"; 6 "GPDO.OUT5" := "GPDO.5"; 7 "GPDO.OUT6" := "GPDO.6"; 8 "GPDO.OUT7" := "GPDO.7";
4	添加 I/O 域，分别将组输入 / 输出关联到变量 "GPDI" 与 "GPDO"	组输入/输出测试 组输入 FromRobot 　000 组输出 ToRobot 　000

5.2.4　模拟量信号配置及标定

模拟量信号的配置过程与数字信号类似，操作步骤如下。

步骤	操作说明	示意图
1	将 AI1~4 的机架号设为 82，插槽设为 12，通道分别对应 1~4。(AI1~3 对应桌面通用模拟输入) 单击 "IN/OUT" 按钮切换到模拟输出信号配置窗口	AI # 机架 插槽 通道 1/64
2	将 AO1~4 的机架号设为 82，插槽设为 12，通道分别对应 1~4。(AO1~3 对应桌面通用模拟输出)	AO # 机架 插槽 通道 1/64

标定称重模块的操作步骤如下(开始前注意清理称重模块托盘上的所有物品)。

步骤	操作说明	示意图
1	打开示教盒,查看称重模块使用的模拟量输入信号 AI2 的值。图中 AI2 的值为 1 678,不同的设备其显示值略有差异	
2	在托盘上放置 2 枚 1 元硬币,待数值基本稳定后再次查看示教盒,此时 AI2 端口的示值为 2 070	
3	在托盘上放置 10 枚 1 元硬币,待数值基本稳定后再次查看示教盒,此时 AI2 端口的示值为 3 646	
4	8 枚 1 元硬币的模拟量差值为 3 646−2 070=1 576 每克对应的模拟量值为 1 576/8/6.1≈32.3 得到模拟量示值与工件质量的换算关系为: 工件质量 =(AI2 的数值 −1 678)/32.3	
5	新建程序 WEIGHTCAL,使用无条件跳转结构编写设定速度的程序。其中 R[2:weight](变量注释为 weight)为显示工件质量的数值型变量 R[2:weight]=((AI[1]−1 678)/32.3)	
6	将工业机器人程序在自动模式下运行,然后将减速器工件放置到称重模块托盘,从示教盒变量监测窗口查看 R[2:weight]的值	

步骤	操作说明	示意图		
7	将所有减速器及输出法兰工件都测试一遍,并记录所有数据。从数据分析可知,减速器工件质量约为 21.9 g,输出法兰工件质量约为 21.4 g。可以以 21.6 作为分界,大于该数值表示工件为减速器,而小于该数值则为输出法兰	序号	减速器	输出法兰
		1	21.777	21.342
		2	21.808	21.373
		3	21.715	21.435
		4	21.963	21.218
		5	21.932	21.280
		6	21.994	21.373

微课
基于称重的工
件分拣

5.2.5 基于称重的工件分拣

在主程序中编写称重分拣程序,如表 5-2 所示。在分拣过程中,拾取或放置位置的高度基于工件数量计算。(由于工具无须变更,可提前安装吸盘工具)

表 5-2 称重分拣程序

序号	程序	程序说明
1	J P[1] 100% FINE	运动到工作原点
2	R[10:FLANGENO]=0	输出法兰计数初始化
3	R[11:REDUCERNO]=0	减速器计数初始化
4	R[12:OBJNO]=GI[1]	从组输入获取待分拣工件数量
5	LBL[1]	标签
6	PR[3:PICKTEMP]=PR[2:PICKPOS]	拾取位置初始化
7	PR[3,3:PICKTEMP]=(PR[3,3:PICKTEMP]+R[12:OBJNO]*8)	拾取位置计算
8	CALL PICKJOB	调用工件拾取程序
9	CALL PUTJOB	调用工件放置到称重托盘程序
10	WAIT 5.00(sec)	延时 5 s
11	CALL WEIGHTCAL	调用工件质量换算程序
12	IF (R[2:WEIGHT]>21.6) THEN	如果工件质量小于 21.6 g
13	R[10:FLANGENO]=R[10:FLANGENO]+1	码放位置设为位置 1(输出法兰)
14	PR[7:PUTTEMP]=PR[5:PUTPOS1]	输出法兰计数加 1
15	PR[7,3:PUTTEMP]=(PR[7,3:PUTTEMP]+R[10:FLANGENO]*8)	码放高度计算

序号	程序	程序说明
16	GO[1]=R[10:FLANGENO]	使用组输出返回法兰数量
17	ELSE;	
18	R[11:REDUCERNO]=R[11:REDUCERNO]+1	码放位置设为位置2（减速器）
19	PR[7:PUTTEMP]=PR[6:PUTPOS2]	减速器计数加1
20	PR[7,3:PUTTEMP]=(PR[7,3:PUTTEMP]+R[11:REDUCERNO]*8)	码放高度计算
21	ENDIF;	
22	R[12:OBJNO]=R[12:OBJNO]-1	待分拣工件数量减1
23	CALL PALLETJOB	工件码垛程序
24	IF R[12:OBJNO]>0,JMP LBL[1]	待分拣工件数大于0则跳转

拓展练习 5.2

任务 5.3　输送模块传送带调速及应用

任务提出

平台中输送模块可通过模拟量控制调整其运行速度，在输送模块的模拟量输出标定中，需要将数据转化为转速单位 r/min（当前转速显示在调速器面板的数码管上），如图 5-9 所示。这样，通过程序可以以直接设定转速的方式比较直观地控制输送模块传送带的运行速度。

本任务主要包括以下内容：

1. 调速器的模拟量控制设置；

2. 模拟量输出信号的标定；

3. 后台逻辑的设定；

4. 编制输送模块传送带控制程序。

图 5-9　调速器面板

教学课件
任务 5.3

微课
输送模块传送
带调速及应用

知识准备

5.3.1　模拟量输出标定方法

KL4004 模拟量输出模块为单向电压型,其电压输出范围为 0~10 V。模块的分辨率为 12 位,即最小的电压变化幅度为 (10−0)/4 096 ≈ 0.002 45 V。工业机器人系统使用的是 16 位有符号整型数据来存储模拟量数值(值域为 −32 768~32 767),模块为单向型,则模拟量输出对应的值域为 0~32 767。由于模拟量值域区间比分辨率大,会出现多个数值对应同一个输出电压的情况。假设模拟量输出的值为 16 384,对应输出电压为 5 V。实际情况下 16 380~16 388 之间的值都可能对应 5 V 的输出。

图 5-10　模拟量输出应用

同时,外部设备对模拟量的响应也存在分辨率。如图 5-10 所示,调速器当前转速为 135,其对应的模拟量数值区间可能为 2 900~3 100,所以模拟量标定需设定多个采样点,通过多次计算取平均值的方法获得最佳的拟合曲线。

该模拟量输出模块理论上对应 0~10 V 的电压输出。电机的最低转速为 120 r/min,最高转速为 1 400 r/min(实际使用中电机存在起动电压,不能从最低转速起动)。根据这样的特性,可设计如下实验步骤:

① 将模拟量输出值设置为 3 000,记录实际转速值;

② 逐渐增加输出值,每次增加 3 000,直到 30 000,依次记录实际转速值;

③ 根据得到的数据计算模拟量示值与转速的换算关系。

5.3.2　后台逻辑功能

后台逻辑功能是指在后台运行程序的功能,程序将被反复循环执行,且不受急停、暂停和报警的影响。

后台程序一般用于 I/O 控制及数据处理等应用,可以使用无动作组 TP 程序。如果程序用于后台逻辑运行,某些指令将无法使用。后台逻辑程序支持的指令、数据类型和运算符如表 5-3 所示。如程序中使用了不支持的指令或数据类型，后台逻辑将无法被启动并报错。

表 5-3　后台逻辑支持的指令、数据类型和运算符

支持的指令	支持的数据类型	支持的运算符
赋值指令 条件表达式 JMP LBL[ ] LBL[ ] Run SELECT UALM[ ]	F[]、M[]、DI[]、DO[]、AI[]、AO[]、GI[]、GO[]、SI[]、SO[]、UI[]、UO[]、RI[]、RO[]、WI[]、WO[]、ON、OFF、R[]、PR[i,j]、AR[]、常数、参数、计时器、计时器超时	(,)、! 、AND、OR、=、<>、<、<=、>、>=、+、-、*、/、DIV、MOD

在后台逻辑窗口选择需要执行的程序后，通过"运行"和"停止"按钮可控制其运行状态，如图 5-11 所示。如果不再需要，可在停止状态下将其清除。后台逻辑最多支持 8 个程序。

图 5-11　后台逻辑界面

任务实施

5.3.3　调速器模拟量控制设置

使用模拟量调整电机转速需要设置调速器的相应参数，其操作步骤如下。

步骤	操作步骤	示意图
1	置位"driver"接通调速器电源，长按"MODE"按钮进入参数设置模式，此时数码管显示"C100"	
2	通过按上下箭头将数码管示值更改为"C123"，完成后单击"ENTER"按钮	

步骤	操作步骤	示意图
3	通过按上下箭头将数码管示值更改为"F-06"(参数F-06),完成后单击"ENTER"按钮进入参数设置	
4	通过按上下箭头将"F-06"参数的值更改为3,完成后单击"ENTER"按钮保存并返回	
5	如果参数设置正确,数码管显示"END",约1 s后变为下一个参数"F-07",再次单击"MODE"按钮返回转速的显示	

5.3.4　模拟量输出信号的标定

启用调速器的模拟量控制描述后,可以标定模拟量输出与转速,其操作步骤如下。

步骤	操作步骤	示意图
1	打开示教盒,强制置位数字输出DO16,查看输送模块使用的模拟量输出端口"AO4"(固定端口,无法变更)的值	
2	将"AO4"的值设置为3 000,记录此时调速器显示的数值	

步骤	操作步骤	示意图		
3	以 3 000 为单位逐次增加输出值,直到 30 000,依次记录实际转速值。模拟量数值为最大值为 32 767,所以上限设置为 30 000	序号	模拟量值	转速
		1	3 000	135
		2	6 000	272
		3	9 000	409
		4	12 000	547
		5	15 000	684
		6	18 000	822
		7	21 000	958
		8	24 000	1 096
		9	27 000	1 233
		10	30 000	1 372
4	计算质量与模拟量数值间的换算关系。 观察数据特征,在以 3 000 为单位增加模拟量数值时,转速增加 135 左右。列出方程,得到模拟量示值与转速的换算关系为 $AO4 \approx (转速 \times 21.85) + 57$			
5	如果参数设置正确,数码管显示"END",约 1 s 后变为下一个参数"F-07",再次单击"MODE"按钮返回转速的显示			
6	新建程序 CALCULATE,编写设定速度的程序,组掩码应设置为无。其中 R [1:speed](注释为 speed)为设定电机转速的数值型变量。 $AO [4] = (R [1:speed] * 21.85 + 57)$			

5.3.5 后台逻辑的标定

后台逻辑可以使程序以类似 PLC 循环扫描的方式持续运行,这样就能保证得到的数据实时更新,操作步骤如下。

微课
后台逻辑的
标定

步骤	操作步骤	示意图
1	打开菜单,在"设置"栏中找到并选中"后台逻辑"	
2	在 1~8 的列表选中需要运行后台程序的位置,这里选中第 1 行	
3	然后单击"选择"按钮,在弹出的程序列表中找到并单击程序"CALCULATE"	
4	选中需要运行的程序后,单击"运行"按钮启动程序,"状态"显示"正在运行"表示启动完成	
5	从数值寄存器窗口设定 R[1:speed] 的值,观察调速器的转速显示值是否与 R[1:speed] 的值一致	

5.3.6 编制输送模块传送带控制程序

结合数字信号变量及模拟量的换算程序，可编制控制输送模块传送带启停及调速的程序，如表 5-4 所示。

微课
编制输送模块传送带控制程序

表 5-4 输送模块传送带控制程序

序号	程序	程序说明
1	DO[16]=ON	启动传送带
2	R[1:SPEED]=200	转速设为 200
3	WAIT 1.00(sec)	延时 1 s
4	R[1:SPEED]=800	转速设为 800
5	WAIT DI[7]=ON	等待传送带末端工件检测
6	R[1:SPEED]=300	转速设为 300
7	WAIT 2.00(sec)	延时 2 s
8	DO[16]=OFF	传送带停止

拓展练习 5.3

任务 5.4 产品定制工作站应用编程

任务提出

教学课件
任务 5.4

本任务以礼盒(以关节基座和输出法兰来模拟礼盒)包装为基础，结合视觉应用对产品的颜色和类型进行定制，同时使用 RFID 对产品的生产过程进行追溯。

礼品盒的包装分为基座(原关节基座)和封盖(原输出法兰)两部分，基座和封盖有两种颜色：红色和蓝色，如图 5-12 所示。定制时基座和封盖使用同种颜色工件，即只设定包装为红色或蓝色。

微课
产品定制工作站应用编程

(a) 基座　　(b) 封盖

图 5-12 礼品盒零件

定制产品零件有 3 种,电机外壳、转子和端盖,颜色同样有红色和蓝色,如图 5-13 所示。每种零件可单独作为产品放入礼盒进行包装,也可自由组合形成新的产品备选,例如外壳与转子的组合、转子与端盖的组合等。在此基础上,还可以单独设定零件的颜色。

(a) 电机外壳　　　　　　　　(b) 电机转子　　　　　　　　(c) 电机端盖

图 5-13　产品零件

根据任务的特性及要求,本任务主要包括以下内容:

1. 编制智能相机程序及工业机器人的通信程序并调试;

2. 编制 PLC 程序实现与相机、工业机器人的通信,以及 RFID 等设备的控制;设计工作站 HMI 并编制相应的 PLC 程序实现功能接口;

3. 编制并示教工业机器人程序实现工作流程,完成系统联调。

知识准备

5.4.1　产品定制工作站程序设计

产品定制工作站的工作流程如下:系统启动前,用户需在 HMI 设定定制产品的信息。系统启动后,工业机器人首先对封盖进行分拣。然后依次装配礼品盒基座、定制的产品、封盖。装配完成后,将礼品盒及产品的构成信息写入 RFID 芯片以备查询,如图 5-14 所示。

HMI 作为人机交互的窗口,需要设计输入信息及显示状态的产品定制界面,如图 5-15 所示。产品定制界面是任务的核心需求,包括设定"礼品盒颜色""礼品型号"和"零件颜色"。除此之外,RFID 的手动查询功能、立体库信息的设定与显示也是必要的。其他的界面可以根据实际情况选择是否制作,例如视觉识别的工件信息等。

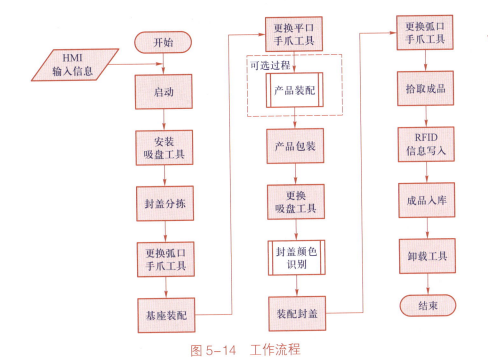

图 5-14　工作流程

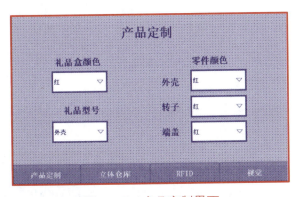

图 5-15　产品定制界面

封盖分拣是使用称重模块将减速器与输出法兰分开,将输出法兰作为封盖放进上料模块料筒的过程。

工作站主要流程为使用工业机器人打包礼品盒的过程,其中电机装配根据用户对工件的设定可选。如果以单个零件作为封装产品则无电机装配过程,如果设定的产品为零件的组合则需要先完成组装,再将组件装入礼品盒基座。

产品包装完成后将封盖装配到基座完成整个礼品盒的包装。封盖的颜色通过视觉识别,要求与基座颜色匹配。如果供料的颜色与当前基座不匹配,需要将其放

回上料模块的料筒,重新送料直到匹配。识别过程包含封盖的角度以用于后续的装配动作。

按照当前布局,各模块在工业机器人系统中的I/O如表5-5所示。

表5-5　工业机器人系统各模块的I/O

序号	模块	信号名称	序号	模块	信号名称
1	快换装置模块	DI［2］ DI［3］ DI［4］ DI［5］	2	输送模块	DI［7］ DI［8］ DO［16］(固定)
			3	称重模块	AI 2

🦾 任务实施

微课
视觉系统应用
编程

5.4.2　视觉系统应用编程

视觉的编程调试需要先完成相机识别工件的编程及测试,通过后再测试相机与PLC的通信是否正常,再编制用于手动测试的HMI。编制相机识别工件程序及设定输出数据的操作步骤如下。

步骤	操作说明	示意图
1	将红色工件放置到输送模块传送带末端工件定位位置,打开相机编程软件连接相机,设置合适的曝光参数。添加图案定位工具,以封盖的两个矩形凹槽作为识别对象	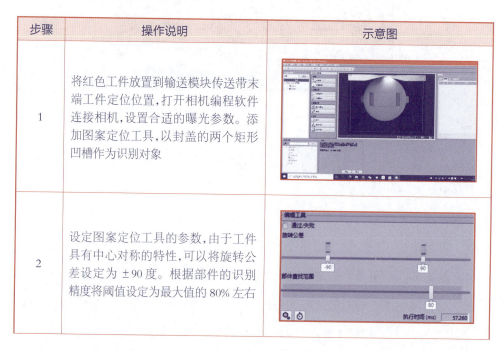
2	设定图案定位工具的参数,由于工件具有中心对称的特性,可以将旋转公差设定为±90度。根据部件的识别精度将阈值设定为最大值的80%左右	

步骤	操作说明	示意图
3	使用检查部件菜单中的"颜色斑点"工具识别工件颜色。添加工具,由于工件接近圆形,所以形状设定为圆形。将粉红色识别框调整到略大于工件外形,完成后使用按 Enter 键确认	
4	单击编辑工具栏的"设置"按钮,勾选"显示原始图像","颜色库"无须设置,使用默认的"Extract ColorLibtary_1",然后单击"训练颜色"按钮	
5	单击选中"新建模型",然后单击"加上新颜色"按钮	
6	将颜色框调整到合适的大小和位置(颜色特征最明显区域),然后按 Enter 键确认	
7	颜色添加后,需要调整其识别范围以适应环境变化。调整颜色公差可通过设定合适的颜色深度、亮度、色调的范围实现	

步骤	操作说明	示意图
8	按照同样的方法再次添加"颜色斑点"工具用于识别蓝色工件,在颜色库中增加蓝色的模型并调整颜色公差参数	
9	检查工具使用颜色模型,每个颜色只需勾选对应的模型	
10	设置相机工程的结果输出,将红色和蓝色工件作为整型输出,使用 16 位整数数据类型。将图案定位角度作为 32 位浮点数输出,由于 PLC 与相机数据的浮点数存储方式不同,需勾选"高字 / 低字"与"高字节 / 低字节"交换的选项	

5.4.3　HMI 及 PLC 的应用编程

设计产品定制及调试所需的 HMI,编制相应的控制程序及接口。首先创建 PLC 工程,组态设备,设置 IP 等参数。然后编制 PLC 与工业机器人、立体库模块、伺服驱动等设备的通信程序,编制 RFID 模块等设备的控制程序。编制 HMI 程序的操作步骤如下。

微课
HMI 及 PLC 的
应用编程

步骤	操作说明	示意图
1	在 HMI "画面"栏创建各个功能对应的画面,将"产品定制"设为启动画面	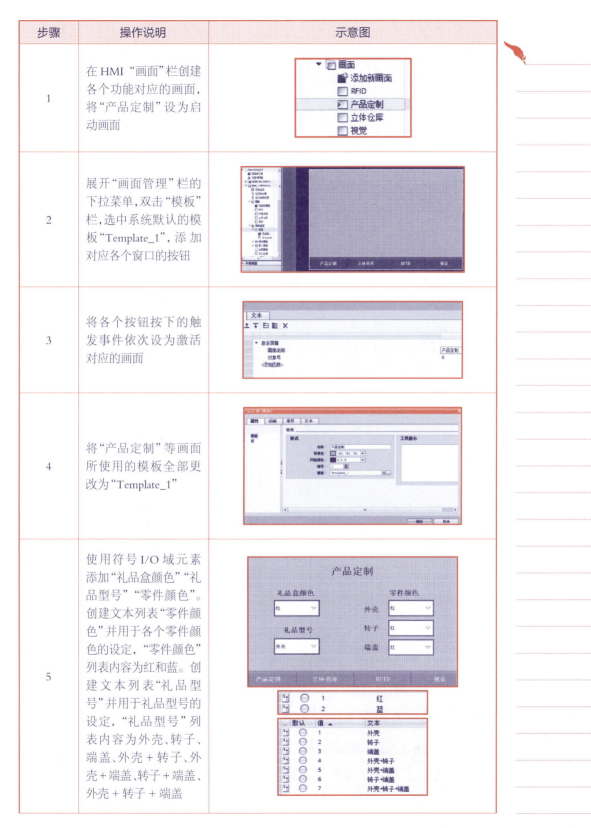
2	展开"画面管理"栏的下拉菜单,双击"模板"栏,选中系统默认的模板"Template_1",添加对应各个窗口的按钮	
3	将各个按钮按下的触发事件依次设为激活对应的画面	
4	将"产品定制"等画面所使用的模板全部更改为"Template_1"	
5	使用符号 I/O 域元素添加"礼品盒颜色""礼品型号""零件颜色"。创建文本列表"零件颜色"并用于各个零件颜色的设定,"零件颜色"列表内容为红和蓝。创建文本列表"礼品型号"并用于礼品型号的设定,"礼品型号"列表内容为外壳、转子、端盖、外壳 + 转子、外壳+端盖、转子+端盖、外壳 + 转子 + 端盖	

步骤	操作说明	示意图
6	将过程值关联到自定义数据接口的16个整型通道中	设定参数 / 关联变量 表（见下）

设定参数	关联变量
礼品盒颜色	DB_PLC_STATUS.PLC_Status.PLC 自定义数据 int{0}
礼品型号	DB_PLC_STATUS.PLC_Status.PLC 自定义数据 int{1}
外壳颜色	DB_PLC_STATUS.PLC_Status.PLC 自定义数据 int{2}
转子颜色	DB_PLC_STATUS.PLC_Status.PLC 自定义数据 int{3}
端盖颜色	DB_PLC_STATUS.PLC_Status.PLC 自定义数据 int{4}

步骤	操作说明	示意图
7	设计编制立体仓库的仓位状态显示及工件颜色设定画面。颜色设定仍使用"零件颜色"文本列表	立体仓库画面
8	设计编制 RFID 的手动测试及查询画面	RFID 画面

5.4.4　工业机器人程序编制及系统联调

在产品的包装过程中,产品类型共有7种,但各个产品的包装程序间有关联。3种基础零件外壳、转子、端盖的拾取和放置程序是必需的。其余4个组合件的取放程序可以利用一部分基础程序进行。

外壳和转子的组合,组合过程为将转子装入外壳。其中转子拾取程序可复用,转子的放置程序需新增。整体的拾取及放置程序与单个外壳相同。

外壳与端盖的组合,组合过程为将端盖装入外壳。其中端盖拾取程序可复用,端盖的放置程序需新增。整体的拾取及放置程序与单个外壳相同。

转子与端盖的组合,组合过程为将端盖装入转子。其中端盖拾取程序可复用,端盖的放置程序需新增。整体的拾取及放置程序与单个转子相同。

外壳、转子与端盖的组合,组合过程为先将转子装入外壳,再将端盖装入外壳。其中转子和端盖拾取及放置程序都可复用。整体的拾取及放置程序与单个外壳相同。

产品包装的工业机器人程序结构可以按照表5-6设计。

表5-6　产品包装的工业机器人程序结构

序号	名称	功能描述
1	MAIN	主程序,描述工作流程,根据需要调用其他程序
2	QU_GONGJU	3种工具的拾取
3	FANG_GONGJU	3种工具的放置
4	WEIGH	称重并分拣封盖
5	BASEASS	将基座从仓库取出并装配到装配模块
6	SHELLPICK	将外壳从电机搬运模块拾取到过渡位置
7	SHELLPUT	将外壳从过渡位置放置到基座中
8	ROTORPICK	将转子从电机搬运模块拾取到过渡位置
9	ROTORPUT	将转子从过渡位置放置到基座中
10	FLANGEPICK	将端盖从电机搬运模块拾取到过渡位置
11	FLANGEPUT	将端盖从过渡位置放置到基座中
12	RTOSHELL	将转子从过渡位置放置到外壳中
13	FTOSHELL	将端盖从过渡位置放置到外壳中
14	FTOROTOR	将端盖从过渡位置放置到转子上
15	CAPASS	封盖的出库拾取及安装
16	CAPRETURN	封盖的退库
17	BOXASS	成品的拾取,信息写入及入库
18	CALCULATE	模拟量计算程序(后台逻辑运行)

对RFID模块的控制接口与项目二是相同的,在本项目中需要根据产品的构成写入相应的产品信息,描述各个部件的颜色。以"B*S*R*F*"的形式描述颜色构成,其中B、S、R、F分别是Box、Shell、Rotor、Flange的缩写,表示礼品盒、外壳、转子、

端盖。"*"则是颜色的描述,红色为 Red 的缩写 R,蓝色是 Blue 的缩写 B,如果产品中不含该零件则使用 Null 的缩写 N。例如红色礼品盒,蓝色外壳、红色端盖构成的产品为"BRSBRNFR"。

图 5-16 字符串声明

由于系统不支持直接对字符串赋值的指令,应先声明各个字符串对应的字符,在程序中根据逻辑需求使用指令对其组合,如图 5-16 所示。

根据产品定制信息生成相应的字符串,需要按照顺序逐个在字符串变量中添加,同时使用条件判断,程序如表 5-7 所示:

表 5-7 产品信息构成字符串生成程序

序号	程序	程序说明
1	SR[4]=SR[5]	字符串初始化,第 1 个必为 B(基座)
2	IF (R[21:user int[01] in]=1) THEN	如果基座颜色设定值为 1(红色)
3	SR[4]=SR[4]+SR[9]	字符串末尾添加 R(Red)
4	ENDIF	
5	IF (R[21:user int[01] in]=2) THEN	如果基座颜色设定值为 2(蓝色)
6	SR[4]=SR[4]+SR[10]	字符串末尾添加 B(Blue)
7	ENDIF	
8	SR[4]=SR[4]+SR[6]	字符串末尾添加 S(外壳)
9	IF (R[23:user int[03] in]=1) THEN	如果外壳颜色设定值为 1(红色)
10	SR[4]=SR[4]+SR[9]	字符串末尾添加 R(Red)
11	ENDIF	
12	IF (R[23:user int[03] in]=2) THEN	如果外壳颜色设定值为 2(蓝色)
13	SR[4]=SR[4]+SR[10]	字符串末尾添加 B(Blue)
14	ELSE	如果为其他值
15	SR[4]=SR[4]+SR[11]	字符串末尾添加 N(Null)
16	ENDIF	
17	SR[4]=SR[4]+SR[7]	字符串末尾添加 R(转子)
18	IF (R[24:user int[04] in]=1) THEN	如果转子颜色设定值为 1(红色)
19	SR[4]=SR[4]+SR[9]	字符串末尾添加 R(Red)
20	ENDIF	
21	IF (R[24:user int[04] in]=2) THEN	如果转子颜色设定值为 2(蓝色)
22	SR[4]=SR[4]+SR[10]	字符串末尾添加 B(Blue)
23	ELSE	如果为其他值

序号	程序	程序说明
24	SR[4]=SR[4]+SR[11]	字符串末尾添加 N（Null）
25	ENDIF	
26	SR[4]=SR[4]+SR[8]	字符串末尾添加 F（端盖）
27	IF (R[25:user int[05] in]=1) THEN	如果端盖颜色设定值为1（红色）
28	SR[4]=SR[4]+SR[9]	字符串末尾添加 R（Red）
29	ENDIF	
30	IF (R[25:user int[05] in]=2) THEN	如果端盖颜色设定值为2（蓝色）
31	SR[4]=SR[4]+SR[10]	字符串末尾添加 B（Blue）
32	ELSE	如果为其他值
33	SR[4]=SR[4]+SR[11]	字符串末尾添加 N（Null）
34	ENDIF	

主程序可以按照工作流程设计调用相应的子程序，完成工作任务，如表 5-8 所示。

表 5-8　主程序及说明

序号	程序	程序说明
1	PR[10:TOOLPOS]=PR[13:TOOL3]	工具取放位置设为吸盘工具
2	CALL QU_GONGJU	调用取工具程序
3	CALL WEIGH	调用封盖称重分拣程序
4	CALL FANG_GONGJU	调用放工具程序
5	PR[10:TOOLPOS]=PR[11:TOOL1]	工具取放位置设为弧口手爪工具
6	CALL QU_GONGJU	调用取工具程序
7	CALL BASEASS	调用基座装配程序
8	CALL FANG_GONGJU	调用放工具程序
9	PR[10:TOOLPOS]=PR[12:TOOL2]	工具取放位置设为平口手爪工具
10	CALL QU_GONGJU	调用取工具程序
11	IF (R[22:user int[02] in]=1) THEN	如果产品类型设定为1
12	CALL SHELLPICK	调用外壳拾取程序
13	CALL SHELLPUT	调用外壳装配程序
14	ENDIF	
15	IF (R[22:user int[02] in]=2) THEN	如果产品类型设定为2
16	CALL ROTORPICK	调用转子拾取程序
17	CALL ROTORPUT	调用转子装配程序
18	ENDIF	
19	IF (R[22:user int[02] in]=3) THEN	如果产品类型设定为3
20	CALL FLANGEPICK	调用端盖拾取程序
21	CALL FLANGE PUT	调用端盖装配程序

序号	程序	程序说明
22	ENDIF	
23	IF (R[22:user int[02] in]=4) THEN	如果产品类型设定为 4
24	CALL RTOSHELL	调用转子装配至外壳程序
25	CALL SHELLPICK	调用外壳抓取程序
26	CALL SHELLPUT	调用外壳放置程序
27	ENDIF	
28	IF (R[22:user int[02] in]=5) THEN	如果产品类型设定为 5
29	CALL FTOSHELL	调用端盖装配至外壳程序
30	CALL SHELLPICK	调用外壳抓取程序
31	CALL SHELLPUT	调用外壳放置程序
32	ENDIF	
33	IF (R[22:user int[02] in]=6) THEN	如果产品类型设定为 6
34	CALL FTOROTOR	调用端盖装配转子程序
35	CALL ROTORPICK	调用转子抓取程序
36	CALL ROTORPUT	调用转子放置程序
37	ENDIF	
38	IF (R[22:user int[02] in]=7) THEN;	如果产品类型设定为 7
39	CALL RTOSHELL	调用转子装配至外壳程序
40	CALL FTOSHELL	调用端盖装配至外壳程序
41	CALL SHELLPICK	调用外壳抓取程序
42	CALL SHELLPUT	调用外壳放置程序
43	ENDIF	
44	CALL FANG_GONGJU	调用放工具程序
45	PR[10:TOOLPOS]=PR[13:TOOL3]	工具取放位置设为吸盘工具
46	CALL QU_GONGJU	调用取工具程序
47	CALL CAPASS	调用封盖装配程序
48	CALL FANG_GONGJU	调用放工具程序
49	PR[10:TOOLPOS]=PR[11:TOOL1]	工具取放位置设为弧口手爪工具
50	CALL QU_GONGJU	调用取工具程序
51	CALL BOXASS	调用成品入库程序
52	CALL FANG_GONGJU	调用放工具程序

拓展练习 5.4

图 5-17　产品验证

主程序编写完成后,调试运行所有程序。完成后将礼品盒放置到 RFID 读写器,通过手动操作读取验证产品信息与设定是否一致,如图 5-17 所示。

项目拓展

1. 礼品盒的包装分为基座(原关节基座)和封盖(原输出法兰)两部分,基座和封盖有 3 种颜色:红色、黄色和蓝色,如图 5-18 和图 5-19 所示。定制时可单独设定基座和封盖的颜色。

图 5-18　基座 　　　　　　　　　　　　　图 5-19　封盖

定制产品零件有 3 种,电机外壳、转子和端盖,颜色同样有红色、黄色和蓝色,如图 5-20 所示。每种零件可单独作为产品放入礼盒进行包装,也可自由组合形成新的产品备选,例如外壳与转子的组合、转子与端盖的组合等。在此基础上,还可以单独设定零件的颜色。

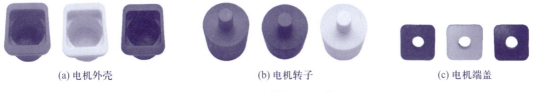

(a) 电机外壳 　　　　　　　　 (b) 电机转子 　　　　　　　　 (c) 电机端盖

图 5-20　定制产品零件

电机零件随机放置在电机搬运模块上,如图 5-21所示。使用时,工业机器人自动从各个零件的存储位置顺序搜索,放置到相机识别区检测,如果颜色与设定需求不一致则重新检索。

一次完成 3 个成品的按定制包装,产品构成如表 5-9所示。编制智能相机、工业机器人、PLC、HMI 程序实现 A、B、C 产品的顺序生产。需将产品构成信息写入 RFID 芯片中,以 B*S*R*F*C* 的形式描述颜色构成(C 为 Cap 即封盖)。

图 5-21　电机搬运模块

表5-9　定制产品规格

工件类型	礼品盒颜色	封盖颜色	外壳颜色	转子颜色	端盖颜色
A 产品	红色	蓝色	红色	黄色	蓝色
B 产品	黄色	红色	黄色	蓝色	红色
C 产品	蓝色	黄色	蓝色	红色	黄色

2. 按照图 5-22 所示的布局安装设备并连接相应的电缆气管。使用 TCP/IP 通信的方式建立两台工业机器人间的数据连接,实现电机及关节的装配。

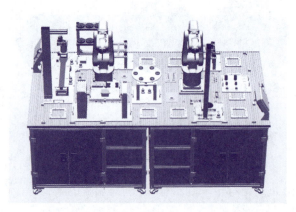

图 5-22　工作站布局

将电机装配设备的 HMI 用户定制画面作为用户设定信息的入口,产品信息如表 5-10 所示。关节装配设备所需的信息以 TCP/IP 通信的方式从电机装配设备获得。

表5-10　产品信息设定

礼品盒颜色	封盖颜色	外壳颜色	转子颜色	端盖颜色
黄色	蓝色	蓝色	红色	蓝色

将电机零件随机放置在电机搬运模块上。使用时,工业机器人自动从各个零件的存储位置顺序抓取电机零件,并放置到相机识别区检测,如果颜色与设定需求不一致则重新检索。

封盖的颜色通过视觉识别,要求与基座颜色匹配。如果供料的颜色与当前基座不匹配,需要将其放回上料模块的料筒,重新送料直到匹配。

完成装配后,负责关节装配的工业机器人将完整的信息写入 RFID 芯片。

项目六　工业机器人写字应用离线编程

证书技能要求

工业机器人应用编程证书技能要求(中级)	
3.1.1	能够根据工作任务要求进行模型创建和导入
3.1.2	能够根据工作任务要求完成工作站系统布局
3.2.1	能够根据工作任务要求配置模型布局、颜色、透明度等参数
3.2.2	能够根据工作任务要求配置工具参数并生成对应工具等的库文件
3.3.1	能够根据工作任务要求实现搬运、码垛、焊接、抛光、喷涂等典型工业机器人应用系统的仿真
3.3.2	能够根据工作任务要求实现搬运、码垛、焊接、抛光、喷涂等典型工业机器人应用系统的离线编程和应用调试

项目引入

　　在工业机器人典型应用中,如切割、涂胶、焊接等,常会需要处理一些不规则曲线,通常的做法是采用描点法,即根据工艺精度要求去示教相应数量的目标点,从而完成工业机器人的运动轨迹,此种方法费时、费力且不容易保证轨迹精度。工业机器人离线编程越来越适用于上述应用,工业机器人离线编程即根据三维模型的曲线特征自动转换成工业机器人的运行轨迹,此种方法省时、省力且容易保证轨迹精度。

　　本项目主要是以工业机器人写字应用作为项目对象,模拟复杂轨迹典型应用的离线编程,在项目中根据三维模型曲线特征,利用 RoboGuide 软件中的特征图形功能,自动生成工业机器人写字轨迹路径,生成工业机器人程序并进行实际应用调试。

知识目标

1. 了解工业机器人写字工作站的组成;
2. 了解仿真工作站的对象类型及其功能;

3. 掌握仿真工作站系统的创建方法；

4. 掌握仿真工作站的模型导入与布局；

5. 熟悉示教编程与离线编程的定义与优缺点；

6. 掌握特征图形法生成复杂轨迹路径；

7. 掌握轨迹路径的参数设置方法；

8. 掌握工业机器人程序导入与导出的方法；

9. 掌握工具和用户坐标系的标定方法；

10. 掌握工业机器人写字应用的调试方法。

能力目标

1. 能够正确搭建工业机器人写字仿真工作站；

2. 能够在仿真软件中正确设置工具与用户坐标系；

3. 能够正确使用特征图形功能自动生成写字轨迹路径；

4. 能够根据实际应用需求优化写字程序；

5. 能够在仿真软件中正确导出写字离线程序；

6. 能够正确将写字离线程序导入工业机器人控制器；

7. 能够正确标定绘图笔工具坐标系；

8. 能够正确标定绘图模块的用户坐标系；

9. 能够正确运行写字离线程序，根据写字效果调试程序。

学习导图

工业机器人写字应用离线编程

- 搭建写字工作站
  - 知识
    - 认识写字工作站模块
    - 仿真工作站对象类型
  - 技能
    - 创建写字工作站
    - 写字工作站模块导入与布局
- 写字离线编程与仿真运行
  - 知识
    - 示教编程与离线编程
    - 特征图形
  - 技能
    - 工具与用户坐标系设置
    - 写字轨迹自动生成
    - 写字程序优化与仿真运行
- 写字离线程序调试及验证
  - 知识
    - WinSCP与工业机器人建立连接
    - 工业机器人程序的导入与导出
  - 技能
    - 写字离线程序导入工业机器人控制器
    - 写字工具与用户坐标系标定
    - 写字程序运行与调试

平台准备

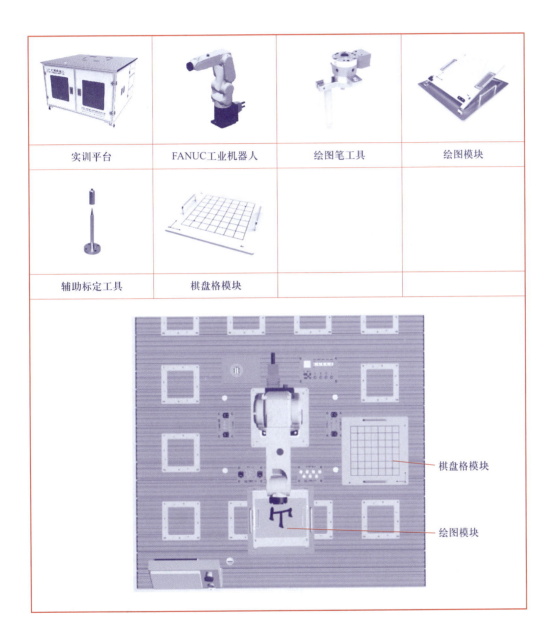			
实训平台	FANUC工业机器人	绘图笔工具	绘图模块
辅助标定工具	棋盘格模块		

棋盘格模块

绘图模块

任务 6.1　搭建写字工作站

教学课件
任务 6.1

微课
搭建写字工
作站

任务提出

本任务通过对工业机器人写字工作站模块认知和写字工作站搭建的学习,熟悉工业机器人写字工作站的组成,完成工业机器人写字工作站的搭建。

本任务主要包括以下内容:

1. 熟悉工业机器人写字工作站的组成模块;

2. 了解仿真工作站中的对象类型及常见示例;

3. 掌握工业机器人写字工作站的创建;

4. 掌握写字工作站模块的导入与布局。

知识准备

6.1.1　认识写字工作站模块

工业机器人写字工作站是由工业机器人应用编程实训平台、FANUC 工业机器人、绘图模块和绘图笔工具所组成,如图 6-1~ 图 6-4 所示。

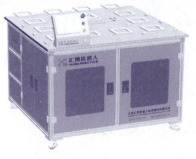

图 6-1　工业机器人应用编程实训平台

图 6-2　FANUC 工业机器人

图 6-3　绘图模块　　　　图 6-4　绘图笔工具

6.1.2　仿真工作站对象类型

Roboguide 仿真软件工作站中的对象类型有：机器人控制器、机器、夹具、工件、障碍物、3D 人、概况、尺寸、目标坐标系、目标坐标系组、线缆、4D 编辑器和传感器装置，如图 6-5 所示。不同的对象类型可以赋予对象不同的属性，来模拟真实场景中的工业机器人、工具、工件、工装和机械装置等设备的动作和属性。

常用的对象类型有：机器人控制器、机器、夹具和工件。

图 6-5　工作站对象类型

1. 机器人控制器

机器人控制器包括程序、工业机器人、文件、工作和变量等内容，机器人控制器可以对工具坐标系、用户坐标系、变量进行设置，对程序进行编程。

2. 机器

此类型下的模型用于可运动的机械装置上，包括传送带、推送气缸、行走轴等直线运动设备，或转台、变位机等旋转运动设备。上述机械装置可以同工业机器人一样实现自主运动。

3. 夹具

夹具属于辅助模型，在仿真工作站中充当工件的载体——工装，为工件的加工、搬运等仿真功能的实现提供平台。

4. 工件

此类型下的模型是仿真与离线编程的核心。用户可以编写仿真程序，实现工

件的搬运仿真。同时,用户也可以通过获取工件数模的特征信息,实现复杂轨迹的离线编程。

任务实施

6.1.3 创建写字工作站

新建工业机器人写字工作站的步骤如下。

步骤	操作说明	示意图
1	打开 Roboguide 软件,单击"新建工作单元"按钮	
2	在"步骤1-进程选择"下选择"HandlingPRO"	
3	在"步骤2-工作单元名称"下将"名称"命名为"XieZi"	
4	在"步骤3-机器人创建方法"下选中"新建"	

步骤	操作说明	示意图
5	在"步骤4–机器人软件版本"下选择最新的软件版本即可	
6	在"步骤5–机器人应用程序/工具"下单击"稍后进行手爪的设置"按钮	
7	在"步骤6–机器人型号"下选择"LR Mate 200iD"	
8	在"步骤7–添加动作组"下选择默认设置	
9	在"步骤8–机器人选项"下选择"Chinese Dictionary",其他选项默认设置	
10	完成写字工作站的创建	

6.1.4 写字工作站模块导入与布局

写字工作站模块布局参数如表 6-1 所示。

表 6-1 写字工作站模块布局参数

序号	模块	位置 XYZ、方向 WPR	类型
1	FANUC 工业机器人	[0, 0, 950, 0, 0, 0]	工业机器人
2	实训平台	[0, 0, 0, 0, 0, 0]	夹具
3	绘图模块	[450, 0, 910, 0, 0, 0]	工件
4	绘图笔工具	[0, 0, 0, 0, 0, 0]	工具

写字工作站模块导入与布局的步骤如下。

步骤	操作说明	示意图
1	左侧目录中依次选择"夹具"→"添加夹具"→"CAD 文件"	
2	添加实训平台的 CAD 文件,并把位置修改为[0, 0, 0, 0, 0, 0]	
3	双击工业机器人"GP:1-LR Mate 200iD"	

步骤	操作说明	示意图
4	打开工业机器人属性界面,将位置参数修改为[0,0,950,0,0,0]	
5	选中工件并右击,在弹出的菜单中选择添加绘图笔工具的 CAD 文件	
6	双击夹具下的实训平台,进入实训平台的属性界面。在"工件"下勾选"绘图模块_山",单击"应用"按钮,然后修改位置为[450,0,910,0,0,0]	
7	双击工业机器人下的工具坐标系"UT:1(Eoat1)"	

步骤	操作说明	示意图
8	进入工具坐标系"UT:1（Eoat1）"的属性界面，"名称"修改为"绘图笔"，"CAD 文件"选择"PenTool"，单击"应用"按钮	
9	工业机器人写字工作站如右图所示。	

任务 6.2　写字离线编程与仿真运行

任务提出

本任务主要通过对示教编程和离线编程的定义、优缺点以及对特征图形功能的学习，掌握基于特征图形功能的复杂轨迹自动生成方法以及轨迹参数调整方法，掌握程序优化方法，完成工业机器人写字离线编程，仿真运行并验证写字离线程序。

本任务主要包括以下内容：

1. 了解示教编程与离线编程的定义和优缺点；

2. 了解特征图形功能；

3. 完成写字工具与用户坐标系的设置；

4. 掌握写字轨迹自动生成方法；

5. 掌握写字程序优化与仿真运行。

知识准备

6.2.1　示教编程与离线编程

1. 示教编程

示教编程是指操作人员通过示教盒，手动控制工业机器人的运动，使工业机器人运动到指定位置，同时将该位置进行记录，并传递到工业机器人控制器中，之后的工业机器人可根据指令自动重复运动到该位置。

目前，大部分工业机器人应用编程主要采用示教编程的方式，如搬运、码垛、焊接等应用。示教编程应用的特点是轨迹简单，手动示教时记录的目标点不多。

示教编程的优点如下：

① 示教编程门槛低，简单方便，不需要环境模型；

② 对实际的工业机器人进行示教编程时，可以修正机械结构带来的误差。

示教编程的缺点如下：

① 示教编程过程繁琐、效率低；

② 精度完全是靠示教者的目测决定，而且对于复杂的路径示教编程难以取得令人满意的效果；

③ 示教盒种类太多，学习量太大；

④ 示教过程容易发生事故，轻则撞坏设备，重则撞伤人；

⑤ 对实际的工业机器人进行示教时要占用工业机器人。

2. 离线编程

随着工业机器人应用领域的扩展，示教编程因为自身存在的限制，在有些应用中显得力不从心，尤其是打磨、抛光、去毛刺、激光切割等应用。于是，工业机器人离线编程逐渐成为当前较为流行的一种编程方式。

离线编程是指通过工业机器人离线编程软件，在计算机里重建整个工作场景的三维虚拟环境，然后可以根据要加工零件的大小、形状、材料和线面特征，使用软

件自动生成工业机器人的运动轨迹,并在软件中进行工业机器人应用仿真及调整轨迹,最后生成工业机器人离线程序。

离线编程克服了示教编程的很多缺点,充分利用了计算机的功能,减少了编制工业机器人程序所需要的时间成本,同时也降低了示教编程的不便。目前离线编程广泛应用于打磨、去毛刺、雕刻、激光切割、数控加工等工业机器人应用领域。

离线编程的优点如下:

① 减少工业机器人占用时间。当对工业机器人下一个任务进行编程时,工业机器人仍可在生产线工作,不占用工业机器人的工作时间;

② 使工业机器人编程人员远离危险的工作环境;

③ 使用范围广,离线编程系统可对工业机器人的各种工作对象进行编程;

④ 便于 CAD/CAM 系统结合,做 CAD/CAM/Robotics 一体化;

⑤ 可使用高级计算机编程语言对复杂任务进行编程;

⑥ 便于修改和维护工业机器人程序。

离线编程也有自身的缺点,具体如下:

① 对于简单轨迹的生成,离线编程没有示教编程的效率高;

② 模型误差、工件装配误差、工业机器人绝对定位精度等都会对离线编程精度有一定影响。

6.2.2　特征图形

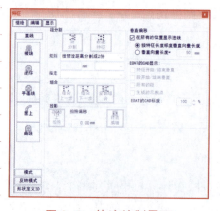

图 6-6　轨迹绘制界面

Roboguide 仿真软件中采用特征图形功能,通过绘图模块上的字体曲线自动生成写字轨迹,并设置相应的轨迹参数,生成写字程序。特征图形功能主要包括两部分:轨迹绘制和轨迹参数设置。

1. 轨迹绘制

轨迹绘制界面如图 6-6 所示,主要包括描绘、编辑和显示三个选项组。

① 描绘选项组包括直线、模式、反转模式和形状定义 3D 4 个工具，通过选择合适的工具可以获取轨迹曲线，绘制轨迹路径；

② 编辑选项组包括段分割、组合和投影 3 个工具，主要用于编辑轨迹路径；

③ 显示选项组包括垂直偏移和 EOAT 的 CAD 显示 2 个工具，主要用于显示轨迹路径的各关键点分布及关键点上的工具姿态。

2. 轨迹参数设置

轨迹参数设置界面主要包括常规、程序设置、示教位置默认、接近／离去、示教位置偏移、垂直偏移和干涉规避等选项卡。常用的选项卡主要是常规、程序设置、示教位置默认、接近／离去，功能说明如下。

① 常规选项卡可以设置特征名称、TP 程序名称，选择工具坐标和用户坐标系，生成 TP 程序，如图 6-7 所示。

② 程序设置选项卡可以设置设置特征起点、中间点和终点的插入形式、速度、定位方式和程序调用，如图 6-8 所示。

图 6-7　常规选项卡

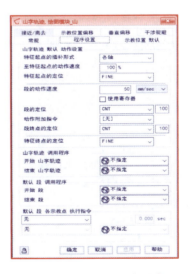

图 6-8　程序设置选项卡

③ 示教位置默认选项卡可以设置工具姿态、位置形态和示教点生成控制，如图 6-9 所示。

④ 接近／离去选项卡可以设置轨迹的接近点和离去点的插补形式、速度、定位和相对位置偏移，如图 6-10 所示。

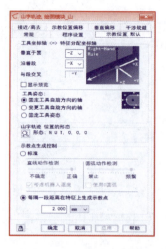
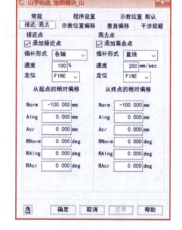

图 6-9　示教位置默认选项卡　　图 6-10　接近 / 离去选项卡

📖 任务实施

6.2.3　工具与用户坐标系设置

1. 工具坐标系设置

工具坐标系设置的操作步骤如下。

步骤	操作说明	示意图
1	进入工具坐标系"UT:1(绘图笔)"的属性界面,选择"工具坐标"选项卡	
2	勾选"编辑工具坐标系"	

234　　　项目六　工业机器人写字应用离线编程

步骤	操作说明	示意图
3	在工作站中拖动工具坐标系的 TCP 点，将其移动至绘图笔工具的末端	
4	返回工具坐标系的属性界面，单击"应用坐标系的位置"按钮，最后单击"确定"按钮	

2. 用户坐标系设置

用户坐标系设置的操作步骤如下。

步骤	操作说明	示意图
1	双击用户坐标系下的"UF：1（UFrame1）"	
2	进入用户坐标系"UF：1（UFramel）"的属性界面，勾选"用户坐标系 编辑"	
3	同时按住 Ctrl+Alt+Shift 键，将 TCP 点移动至绘图模块的边角上，如右图所示	

步骤	操作说明	示意图
4	单击"使用当前的 TCP 位置"按钮,设置用户坐标系。将用户坐标系的"W"修改为 0,即用户坐标系和世界坐标系的方向保持一致	
5	用户坐标系"UF:1〔UFramel〕"如右图所示	

6.2.4 写字轨迹自动生成

写字轨迹自动生成的具体步骤如下。

步骤	操作说明	示意图
1	选择工件下的"绘图模块_山"并右击,在弹出的菜单中选择"特征图形"	
2	注意此时要选中原始的绘图模块,而非实训平台上的绘图模块。右边为原始绘图模块,左边为实训平台上的绘图模块	

步骤	操作说明	示意图
3	在轨迹"描绘"选项组中选择"直线"工具下的"闭环"工具	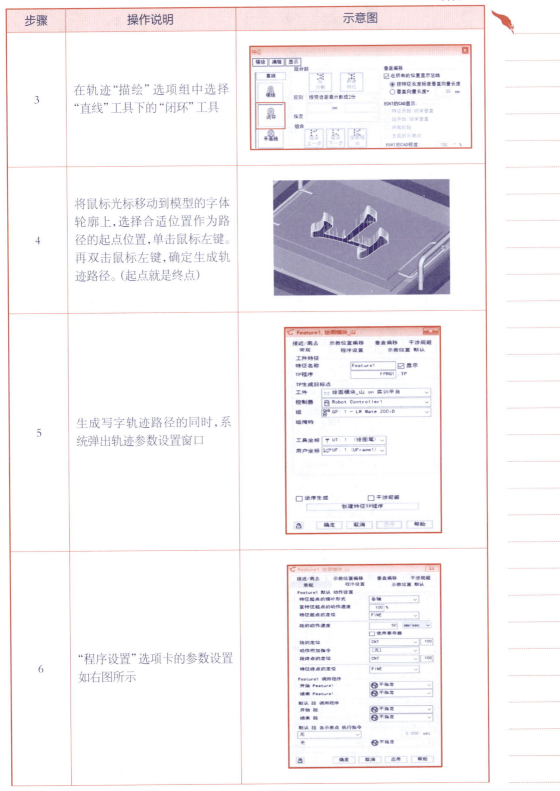
4	将鼠标光标移动到模型的字体轮廓上,选择合适位置作为路径的起点位置,单击鼠标左键。再双击鼠标左键,确定生成轨迹路径。(起点就是终点)	
5	生成写字轨迹路径的同时,系统弹出轨迹参数设置窗口	
6	"程序设置"选项卡的参数设置如右图所示	

步骤	操作说明	示意图
7	在"示教位置默认"选项卡中，"沿着段"选择"-X"，"示教点生成控制"选项组下选中"每隔一段距离在特征上生成示教点"，距离设为2mm	
8	工具姿态如右图所示	
9	"接近/离去"选项卡的"接近点"选项组下选择"插补形式"为"各轴"，"速度"为"100%"，"Norm"为"-100mm"；"离去点"选项组下的"插补形式"为"直线"，"速度"为"200mm/sec"，"Norm"为"-100mm"	
10	在"常规"选项卡中，"特征名称"修改为"山字轨迹"，"TP程序"修改为"SHAN"，最后单击"创建特征TP程序"按钮，生成写字程序	
11	生成的写字程序如右图所示	

6.2.5 写字程序优化与仿真运行

1. 写字程序优化

工业机器人写字应用中工业机器人通常是从原点位置开始运行,写字完成后返回原点,所以,需要对上述写字程序进行优化。本任务中工业机器人原点位置为各轴:[0,0,0,0,0,−90.0]。

写字程序优化的步骤如下。

步骤	操作说明	示意图
1	打开 FANUC 虚拟示教盒,进入程序管理界面	
2	打开写字程序"SHAN"	
3	手动操作工业机器人,将各轴运动至 [0,0,0,0,0,−90,0]	
4	在写字程序的开始处(第一个运动指令之前)插入关节运动指令,位置为工业机器人当前位置,形式为关节	

步骤	操作说明	示意图
5	在写字程序的结束处插入直线运动指令,位置为工业机器人当前位置,形式为关节	

2. 写字仿真运行

写字程序的仿真运行步骤如下。

步骤	操作说明	示意图
1	在仿真软件中打开"执行设置"	
2	选择"用户定义",程序选择"SHAN",单击"确定"按钮	
3	单击工作站运行按键,运行写字程序	
4	工业机器人写字仿真运行过程如右图所示	

拓展练习6.2

任务 6.3　写字离线程序调试及验证

任务提出

本任务通过对工业机器人程序导入与导出的学习,掌握写字离线程序导入工业机器人系统的方法,通过标定工具坐标系和用户坐标系,运行工业机器人写字离线程序,完成工业机器人写字应用。

本任务主要包括以下内容:

1. 写字离线程序的导出和导入;

2. 写字工具和用户坐标系标定;

3. 工业机器人写字应用程序调试。

知识准备

6.3.1　WinSCP 与工业机器人建立连接

WinSCP 是一个 Windows 环境下使用的 SSH 的开源图形化 SFTP 客户端,同时支持 SCP 协议。它的主要功能是在本地与远程计算机间安全地传输文件等。

本地计算机可以通过 WinSCP 软件与 FANUC 工业机器人建立连接,实现工业机器人程序的导入和导出。WinSCP 软件与 FANUC 工业机器人建立连接的步骤如下。

教学课件
任务 6.3

微课
写字离线程序
调试及验证

步骤	操作说明	示意图
1	打开 WinSCP 软件,出现登录界面	

步骤	操作说明	示意图
2	"文件协议"选择"FTP","主机名(H)"为192.168.101.100,"端口号(R)"为21,选中"匿名登录"	
3	可以单击"保存"按钮,将此站点的设置保存到本地计算机中。"站点名称"设为"FANUC"	
4	保存后返回登录界面,单击"登录"按钮,建立与FANUC工业机器人的连接	
5	本地计算机通过WinSCP与FANUC工业机器人建立连接后的文件传输界面如右图所示	

6.3.2 工业机器人程序的导入与导出

本地计算机通过WinSCP软件与发那科工业机器人建立连接后,可以将工业机器人程序导入控制器,或从控制器中导出工业机器人程序。

工业机器人程序导入和导出的步骤如下。

步骤	操作说明	示意图
1	WinSCP 与工业机器人建立连接后出现文件传输界面，文件传输界面左侧是本地计算机的文件目录，右侧是工业机器人系统的文件目录	
2	本地计算机上的程序可以通过文件上传或拖拽的方式导入右侧工业机器人系统的指定文件夹中。 工业机器人程序必须是 TP 程序，工业机器人系统只能识别 TP 程序。 工业机器人控制器中程序文件保存在 md 文件夹中	
3	工业机器人控制器中的程序可以通过下载或拖拽的方式导出到本地计算机上	

🚜 任务实施

6.3.3　写字离线程序导入工业机器人系统

写字离线程序导入工业机器人系统的步骤如下。

步骤	操作说明	示意图
1	在仿真软件中选中程序"SHAN"并右击,在弹出的菜单中选择"保存"→"二进制(TP)"程序,保存到本地计算机中	
2	本地计算机通过 WinSCP 软件与 FANUC 工业机器人建立连接,选中导出的 TP 程序"SHAN.TP"并右击,在弹出的菜单中选择"上传"	
3	上传到工业机器人控制器中的指定文件夹"md:"	
4	上传到工业机器人控制器中的 shan.tp 程序如右图所示	
5	在示教盒的程序管理界面中可以查看导入的写字离线程序	

6.3.4　写字工具与用户坐标系标定

因为制造误差和装配误差,仿真软件中的工具模型、绘图模块和实际工作站中的是不一致的,所以仿真软件中设置的工具坐标系、用户坐标系无法和实际工作站中的模型完全匹配。运行工业机器人写字离线程序前,必须在实际工作站中标定工具坐标系和用户坐标系。

1. 标定工具坐标系

标定工具坐标系的步骤如下。

步骤	操作说明	示意图
1	准备好棋盘格模块和 TCP 标定模块	
2	将 TCP 标定模块安装到棋盘格模块上	
3	在示教盒上进入坐标系设置界面,选中工具坐标系 1,单击"详细"按钮,进入工具坐标系 1 的详细参数界面	
4	单击"方法"按钮,在弹出的菜单中选择"三点法"标定工具坐标系	
5	手动操纵工业机器人,将工业机器人运动到如右图所示的位置。选中"接近点 1",并记录	

步骤	操作说明	示意图
6	将工业机器人运动到如右图所示的位置。选中"接近点 2",并记录	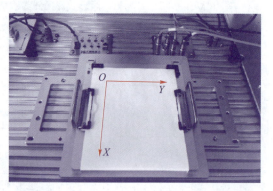
7	将工业机器人运动到如右图所示的位置。选中"接近点 3",并记录	

2. 标定工件坐标系

用户可在绘图模块的白纸上进行用户坐标系的标定,用户坐标系的原点和方向可以参考图 6–11 所示。

图 6–11　用户坐标系原点和方向参考示意图

标定绘图模块的用户坐标系前必须使用已标定的绘图笔工具坐标系。标定用户坐标系的步骤如下。

步骤	操作说明	示意图
1	调节绘图模块斜面角度为30°左右	
2	进入示教盒坐标系设置界面，选择工具坐标系，将工作坐标系切换到1号工具坐标系，即已标定的绘图笔工具坐标系	
3	在示教盒上将坐标系切换到用户坐标系。选中1号用户坐标系，单击"详细"按钮，进入用户坐标系参数界面	
4	单击"方法"按钮，在弹出的菜单中选择"三点法"标定用户坐标系	
5	记录用户坐标系的原点	

步骤	操作说明	示意图
6	记录用户坐标系 X 轴上的一点	
7	记录用户坐标系 Y 轴上的一点	

6.3.5 写字程序运行与调试

写字程序运行与调试的步骤如下。

步骤	操作说明	示意图
1	在程序管理界面中打开写字离线程序 SHAN,将光标移动到程序的第一行	
2	在手动模式下低速连续运行写字离线程序	

续表

步骤	操作说明	示意图
3	工业机器人写字效果如右图所示	

拓展练习6.3

项 目 拓 展

现有一台工业机器人工作站,工作站由 FANUC 工业机器人、上料模块、输送模块、快换装置模块、立体库模块、变位机模块、绘图模块等组成,工作站各模块布局如图 6-12 所示。关节坐标系下工业机器人工作原点位置为 $[0°,0°,0°,0°,-90°,0°]$。

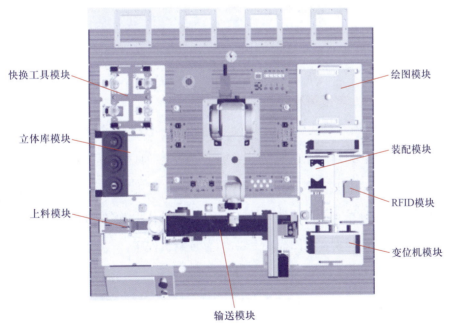

图 6-12 工作站模块布局图

1. 工业机器人离线编程

打开工业机器人配套仿真软件,导入工业机器人实训平台、FANUC 工业机器

人、绘图笔工具和绘图模块，搭建图 6-13 所示的工业机器人绘图工作站。将绘图笔工具安装到工业机器人模型上，创建并标定绘图笔工具坐标系，创建并标定绘图模块工件坐标系。通过仿真软件进行如图 6-14 所示绘图模型的离线编程（绘图笔工具须垂直绘图模块进行绘图，调用新建的绘图笔工具坐标系和绘图模块工件坐标系），并在仿真软件中验证功能，工业机器人须从工作原点开始运行，绘图完成后返回工作原点。

图 6-13　工业机器人绘图工作站

图 6-14　绘图模型

2. 工业机器人离线编程验证

根据图 6-12 所示模块布局，手动设定绘图模块处于面向工业机器人一侧 30°左右状态，手动安装绘图笔工具，创建并标定绘图笔工具坐标系，创建并标定绘图模块工件坐标系。将仿真软件中离线程序利用网线直接导入示教盒中，调用新建的绘图笔工具坐标系和绘图模块工件坐标系，手动操作示教盒运行导入程序，利用工业机器人将绘图模型在绘图模块上绘出，验证离线程序。

项目七　工业机器人关节装配离线编程

证书技能要求

工业机器人应用编程证书技能要求(中级)	
3.1.1	能够根据工作任务要求进行模型创建和导入
3.1.2	能够根据工作任务要求完成工作站系统布局
3.2.1	能够根据工作任务要求配置模型布局、颜色、透明度等参数
3.2.2	能够根据工作任务要求配置工具参数并生成对应工具等的库文件
3.3.1	能够根据工作任务要求实现搬运、码垛、焊接、抛光、喷涂等典型工业机器人应用系统的仿真
3.3.2	能够根据工作任务要求实现搬运、码垛、焊接、抛光、喷涂等典型工业机器人应用系统的离线编程和应用调试

项目引入

　　随着经济的高速发展和工业机器人应用的普及,工业机器人应用仿真在项目方案设计、工业机器人及周边设备的选型、工业机器人程序调试等工作领域发挥着重要作用。

　　本项目通过在工业机器人虚拟仿真软件中加载实训平台、工业机器人、快换装置模块、立体库模块、上料模块、输送模块、变位机模块、装配模块和旋转供料模块,搭建工业机器人关节装配仿真工作站。设置输送模块、变位机模块、装配模块和旋转供料模块等运动机构,完成快换装置模块及关节部件的仿真设置,编制工业机器人关节装配离线仿真程序,完成工业机器人关节装配应用的虚拟仿真,最后运行仿真程序并录制视频。

知识目标

1. 掌握工业机器人仿真工作站的创建方法;
2. 掌握工作站模型的导入与布局;
3. 掌握工作站模型参数配置方法;

4. 掌握虚拟电机驱动法；

5. 熟悉 RoboGuide 软件的搬运仿真机制；

6. 熟悉 RoboGuide 软件的仿真程序的功能及特点；

7. 掌握仿真程序编辑器与仿真指令的使用方法；

8. 掌握 RoboGuide 软件的视频录制方法；

9. 掌握工业机器人关节装配流程及程序设计。

能力目标

1. 能够正确搭建工业机器人关节装配仿真工作站；

2. 能够正确配置工作站模型参数；

3. 能够采用虚拟电机驱动法，设置输送模块、变位机模块、装配模块和旋转供料模块等运动机构；

4. 能够正确完成快换装置模块的仿真设置；

5. 能够正确完成关节部件的仿真设置；

6. 能够正确编制快换装置模块取放工具的仿真程序；

7. 能够正确编制关节基座、电机和减速器工件的装配程序；

8. 能够正确运行仿真程序，并录制仿真视频。

学习导图

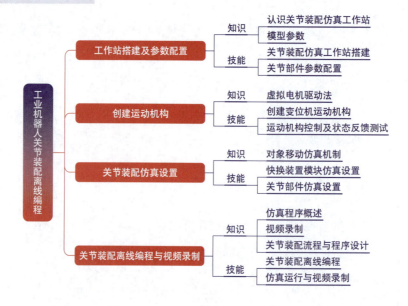

平台准备

实训平台	FANUC工业机器人	快换装置模块	立体库模块
上料模块	输送模块	变位机模块	装配模块
旋转供料模块	平口手爪工具	弧口手爪工具	吸盘工具

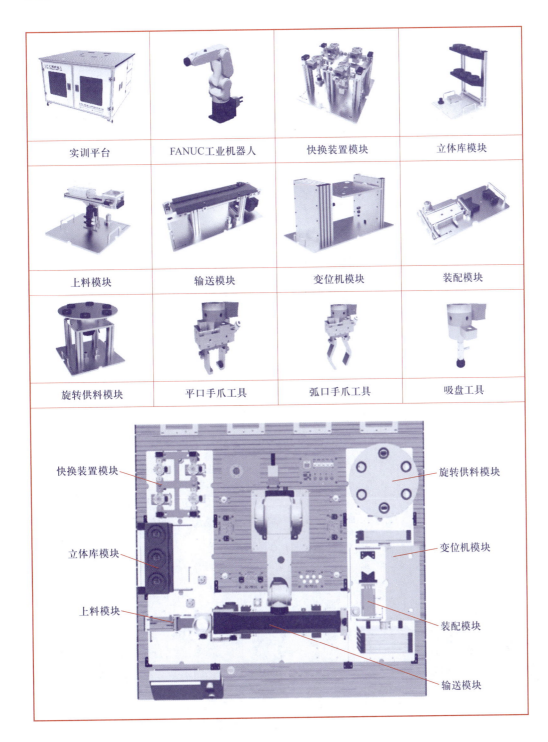

快换装置模块　　旋转供料模块

立体库模块　　变位机模块

上料模块　　装配模块

输送模块

任务 7.1　工作站搭建及参数配置

教学课件
任务 7.1

微课
工作站搭建及
参数配置

任务提出

本任务主要通过对工业机器人关节装配仿真工作站组成、不同对象类型的模型参数的学习,掌握工业机器人应用仿真工作站搭建的基本方法,掌握模型参数配置方法,完成工业机器人关节装配仿真工作站搭建,并配置关节基座、关节电机和减速器的颜色参数。

本任务主要包括以下内容:

1. 熟悉工业机器人关节装配仿真工作站的组成;

2. 了解不同对象类型的模型参数;

3. 完成工业机器人关节装配仿真工作站的搭建;

4. 配置关节基座、关节电机和减速器的颜色参数。

知识准备

微课
认识关节装配
仿真工作站

7.1.1　认识关节装配仿真工作站

工业机器人关节装配仿真工作站是由实训平台、FANUC 工业机器人、快换装置模块、立体库模块、上料模块、输送模块、变位机模块、装配模块和旋转供料模块所组成,如图 7-1~ 图 7-9 所示。其中,输送模块、变位机模块、装配模块和旋转供料模块为运动机构,属于机器对象类型。

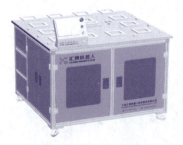

图 7-1　工业机器人应用编程实训平台　　　图 7-2　FANUC 工业机器人　　　图 7-3　快换装置模块

图 7-4　立体库模块

图 7-5　上料模块

图 7-6　输送模块

图 7-7　变位机模块

图 7-8　装配模块

图 7-9　旋转供料模块

微课
模型参数

7.1.2　模型参数

在 RoboGuide 仿真软件中,不同对象类型的模型具有不同的参数。下面以工具、夹具和工件这三种对象类型介绍其模型参数。

1. 工具对象类型的模型参数

工具对象类型的模型具有颜色、透明度、位置、重量和标度(缩放比例)等参数,如图 7-10 所示。其中,重量参数属于物理特性,标度参数可以在 X、Y、Z 方向上放大或缩小模型。

2. 夹具对象类型的模型参数

夹具对象类型的模型具有颜色、透明度、位置和标度等参数,如图 7-11 所示。

3. 工件对象类型的模型参数

工件对象类型的模型具有颜色、透明度、重量和标度等参数,如图 7-12 所示。

图 7-10　工具对象类型的模型参数
1- 颜色;2- 透明度;3- 位置;4- 重量;5- 标度

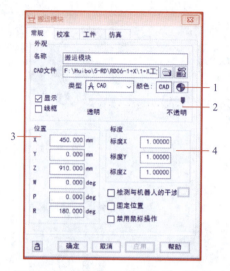

图 7-11　夹具对象类型的模型参数

1- 颜色;2- 透明度;3- 位置;4- 标度

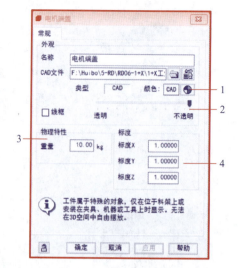

图 7-12　工件对象类型的模型参数

1- 颜色;2- 透明度;3- 重量;4- 标度

任务实施

microcourse

微课
关节装配仿真
工作站搭建

7.1.3　关节装配仿真工作站搭建

工业机器人关节装配仿真工作站中的模型的布局参数与类型如表 7-1 所示。

表 7-1　工作站模型的布局参数与类型

序号	模块	位置 XYZ、方向 WPR	类型	载体
1	FANUC 工业机器人	$[0,0,950,0,0,0]$	工业机器人	无
2	实训平台	$[0,0,0,0,0,0]$	夹具	无
3	快换装置模块	$[-150,-450,910,0,0,0]$	夹具	无
4	立体库模块	$[150,-450,910,0,0,0]$	夹具	无
5	上料模块	$[450,-450,910,0,0,0]$	夹具	无
6	输送模块	$[450,0,910,0,0,0]$	机器	无
7	变位机模块	$[300,450,910,0,0,180]$	机器	无
8	装配模块	$[36,75,248,0,0,0]$	机器	变位机模块
9	旋转供料模块	$[-150,450,910,0,0,90]$	机器	无
10	快换主盘	$[0,0,0,0,0,0]$	工具	无
11	平口手爪工具	$[60,75,180,180,0,90]$	工件	快换装置模块
12	弧口手爪工具	$[-60,75,180,180,0,90]$	工件	快换装置模块
13	吸盘工具	$[60,-75,180,180,0,90]$	工件	快换装置模块

序号	模块	位置 XYZ、方向 WPR	类型	载体
14	关节基座	$[0,-65,395,0,0,90]$	工件	立体库模块
15	关节电机	$[95,-55,260,0,0,-30]$	工件	旋转供料模块
16	减速器	$[0,0,3,0,0,0]$	工件	输送模块

工业机器人关节装配仿真工作站搭建步骤如下(其中运动机构的创建方法将在下一节任务中介绍)。

1. 夹具类型的模型导入与布局

步骤	操作说明	示意图
1	新建 RoboGuide 工作站,并创建工业机器人系统	
2	在夹具对象类型下导入"实训平台"CAD 文件,并设置其位置为 $[0,0,0,0,0,0]$	
3	设置工业机器人的位置为$[0,0,950,0,0,0]$,将其安装到实训平台的工业机器人底座上	

步骤	操作说明	示意图
4	参照上述方法并结合布局参数,依次导入快换装置模块、立体库模块和上料模块	

2. 机器类型对象的模型导入与布局

步骤	操作说明	示意图
1	选中"机器"对象类型并右击,在弹出的菜单中依次选择"添加机器"→"CAD 文件"。选择变位机基座的 CAD 文件,位置设为[300, 450, 910, 0, 0, 180]	
2	选中变位机基座并右击,在弹出的菜单中选择"添加链接",选择变位机旋转轴的 CAD 文件,位置采用默认值	
3	由于装配模块是安装在变位机模块上的,所以需要在变位机模块的基础上添加装配模块的链接,且装配模块是随变位机转动的。选中"变位机旋转轴"并右击,在弹出的菜单中选择"添加链接",选择装配模块固定部分的 CAD 文件,位置设为[36, 75, 248, 0, 0, 0]	

步骤	操作说明	示意图
4	选中装配模块固定部分并右击,在弹出的菜单中选择"添加链接",选择气缸伸杆的 CAD 文件	
5	参照上述方法,依次完成输送模块和旋转供料模块等机器的导入与布局	

3. 工件类型对象的模型导入与布局

步骤	操作说明	示意图
1	在工件对象类型下依次导入平口手爪工具、弧口手爪工具、吸盘工具、关节基座、关节电机和减速器	
2	双击打开夹具下的快换装置模块的属性界面,选择"工件"选项,勾选"平口手爪工具",单击"应用"按钮。勾选"编辑工件偏移",位置设为[60,75,180,180,0,90],单击"确定"按钮	

步骤	操作说明	示意图
3	参照上述方法,将弧口手爪工具和吸盘工具安装到快换装置模块的指定位置上。快换工具在快换装置模块上位置如右图所示	
4	双击打开夹具下的立体库模块的属性界面,选择"工件"选项,勾选"关节基座",单击"应用"按钮。勾选"编辑工件偏移",位置设为[0,−65,395,0,0,90],勾选"开始执行时显示",单击"确定"按钮	
5	双击打开机器下的旋转供料模块旋转轴的属性界面,选择"工件"选项,勾选"关节电机",点击应用。勾选"编辑工件偏移",位置设为[95,−55,260,0,0,−30],勾选"开始执行时显示",单击"确定"按钮	
6	双击打开机器下的输送模块移动轴的属性界面,选择"工件"选项,勾选"减速器",单击"应用"按钮。勾选"编辑工件偏移",位置设为[0,0,3,0,0,0],勾选"开始执行时显示",单击"确定"按钮	

4. 工具类型的模型导入与布局

步骤	操作说明	示意图
1	双击打开工具"UT:1（Eoat1）"	
2	导入"快换主盘"CAD 文件，工具名称修改为"快换主盘"，位置设置为[0,0,0,0,0,0]，最后单击"确定"按钮	
3	将快换主盘安装到工具机器人的法兰盘上	
4	双击打开工具"UT:2（Eoat2）"，名称修改为"平口手爪工具"，CAD文件选择"快换主盘.igs"	

步骤	操作说明	示意图
5	选中"UT:2(平口手爪工具)"并右击,在弹出的菜单中依次选择"添加链接"→"CAD 文件"	
6	选择"平口手爪工具 .igs",位置设为[0,0,41,0,0,0]	
7	平口手爪工具如右图所示	
8	参照上述方法依次完成弧口手爪工具和吸盘工具的设置	

工业机器人关节装配仿真工作站如图 7-13 所示。

7.1.4　关节部件参数配置

工业机器人关节装配仿真工作站搭建完成后,可以发现关节基座、电机和减速器工件的颜色是灰色的,而实际工作站中的颜色通常是蓝色,为保持仿真工作站和实际工作站的工件的一致性,须将工件颜色参数修改为蓝

图 7-13　工业机器人
关节装配仿真工作站

微课
关节部件参数
配置

色,具体步骤如下。

步骤	操作说明	示意图
1	双击工件类型下的关节基座,进入其属性界面	
2	单击"颜色"按钮,在弹出的菜单中选择"蓝色",单击"确定"	
3	参照上述方法,将关节电机和减速器的颜色设为蓝色	

拓展练习 7.1

任务 7.2　创建运动机构

任务提出

本任务主要是通过对虚拟电机驱动法的学习,了解模型的替代显示法和虚拟电机驱动法,掌握手爪的开合、变位机旋转、传送带运动、气缸杆伸缩等动作的仿真方法,完成变位机模块、装配模块、旋转供料模块和输送模块等运动机构的设置方法。

本任务主要包括以下内容:

1. 熟悉虚拟电机驱动法;

2. 了解模型的替代显示法和虚拟电机驱动法的区别;

教学课件
任务 7.2

微课
创建运动机构

3. 采用虚拟电机驱动法设置变位机模块、装配模块、旋转供料模块和输送模块等运动机构；

4. 掌握通过虚拟示教盒控制运动机构的动作及接收状态反馈信号。

知识准备

7.2.1 虚拟电机驱动法

工业机器人仿真过程经常会涉及手爪的开合、变位机旋转、传送带运动、气缸杆伸缩等动作，在 RoboGuide 仿真软件中可以有两种方法可以实现上述动作：一种是模型的替代显示法；另一种是虚拟电机驱动法。

1. 模型的替代显示法

模型的替代显示法是利用不同模型的隐藏和显示来模拟运动机构的动作。以平口手爪工具为例，当手爪为打开状态时调用手爪打开状态的模型，当手爪为闭合状态时调用手爪闭合状态的模型，这样，就变相地实现了手爪的开合动作。图 7–14 为手爪打开状态的平口手爪工具模型，图 7–15 为手爪闭合状态的平口手爪工具模型。

图 7–14　手爪打开状 态的平口手爪工具模型　　图 7–15　手爪闭合状 态的平口手爪工具模型

2. 虚拟电机驱动法

虚拟电机驱动法是采用虚拟电机创建具有直线运动或旋转运动的运动机构模型，与模型的替代显示法不同，虚拟电机创建的运动机构不是单一的整体模型，而是由固定部件和运动部件组成的运动模组，可以实现所需要的动作。虚拟电机创建的运动机构可以接收工业机器人的 I/O 信号，即工业机器人可以通过 DO 信号控制运动机构的动作，并通过 DI 信号接收运动机构动作状态。同样以平口手爪工具为例，虚拟电机创建的平口手爪工具由手爪固定部件、左侧手爪和右侧手爪组成，左侧手爪和右侧手爪是运动部件，如图 7-16 所示。

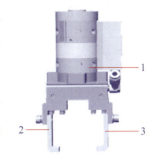

图 7-16　虚拟电机创建的手爪工具
1- 手爪固定部件；2- 左侧手爪；3- 右侧手爪

🛠 任务实施

7.2.2　创建变位机运动机构

工业机器人关节装配工作站中变位机模块、装配模块、旋转供料模块和输送模块为运动机构，采用虚拟电机驱动法创建上述运动机构。

变位机模块、装配模块、旋转供料模块和输送模块等运动机构的 I/O 控制及状态反馈信号如表 7-2 所示。

微课
创建变位机运动机构

表 7-2　运动机构的 I/O 控制及状态反馈信号

序号	运动机构	轴类型	轴原点	I/O	值	位置
1	变位机模块	旋转	$[0,0,223,0,90,0]$	DO [1]	ON	$-20°$
				DO [1]	OFF	$0°$
				DI [1]	ON	$-20°$
				DI [2]	ON	$0°$
2	装配模块	直线运动	$[0,0,0,0,90,0]$	DO [2]	ON	14
				DO [2]	OFF	0
3	旋转供料模块	旋转	$[0,0,0,0,0,0]$	DO [3]	ON	$-120°$
				DO [3]	OFF	$0°$
				DI [3]	ON	$-120°$
				DI [4]	ON	$0°$
4	输送模块	直线运动	$[0,0,0,-90,0,0]$	DO [4]	ON	500
				DO [4]	OFF	0
				DI [5]	ON	500

创建变位机模块和装配模块的复合运动机构

步骤	操作说明	示意图
1	在上一节任务搭建的工业机器人关节装配工作站基础上,选中机器类型下的"变位机旋转轴"并双击,打开其属性界面	
2	在"常规"选项卡中,勾选"轴原点变更",取消勾选"与链接 CAD 联锁",轴的原点设为[0,0,223,0,90,0],将变位机旋转轴设置到相应位置。默认是选中"显示电机"的,需要取消勾选"显示电机"。注意:变位机是绕 Z 轴旋转的	
3	在"动作"选项卡中,"动作控制类型"选择"I/O 控制","轴类型"选择"旋转","速度"设为 30deg/sec	
4	"输入"和"输出"设置如右图所示,即当 DO[1]为 ON 时,变位机旋转到 -20°;当 DO[1]为 OFF 时,变位机旋转到 0°。当变位机为 0°时,DI[2]为 ON;当变位机为 -20°时,DI[1]为 ON	

步骤	操作说明	示意图
5	变位机运动机构的控制参数设置完成后,可以通过"测试"按钮测试运动机构。当单击"测试"按钮后,变位机旋转到 −20°	
6	选中机器类型下的"气缸伸杆"并双击,打开其属性界面	
7	在"常规"选项卡中,勾选"轴原点变更",取消勾选"与链接 CAD 联锁",轴的原点设为[0,0,0,0,90,0],将装配模块的轴原点设置到相应位置。默认是选中"显示电机"的,需要取消勾选"显示电机"	
8	在"动作"选项卡中,"动作控制类型"选择"I/O 控制","轴类型"选择"直动"(直线运动),"速度"设为"15mm/sec"。"输入"设置如右图所示,即当 DO [2]为 ON 时,装配模块气缸伸杆伸出 14mm;当 DO [2]为 OFF 时,装配模块气缸伸杆缩回	
9	参照上述方法,完成旋转供料模块和输送模块的运动机构设置。旋转供料模块运动机构设置如右图所示	

步骤	操作说明	示意图
10	输送模块运动机构设置如右图所示	

7.2.3　运动机构控制及状态反馈测试

通过 FANUC 工业机器人的虚拟示教盒,手动控制 I/O 信号,测试变位机模块及旋转供料模块的动作和状态反馈。

步骤	操作说明	示意图
1	在 Roboguide 软件中打开虚拟示教盒,进入 I/O 界面,选择数字输出	
2	手动将 DO [1] 置为 ON,控制变位机运动到 −20°	

微课
运动机构控制
及状态反馈测试

步骤	操作说明	示意图
3	切换到数字输入界面,此时 DI[1]为 ON,代表变位机当前位置为 −20°	
4	手动将 DO[3]置为 ON,控制旋转供料模块运动到 −120°	
5	切换到数字输入界面,此时 DI[3]为 ON,代表旋转供料模块当前位置为 −120°	

任务 7.3 关节装配仿真设置

任务提出

本任务通过对 RoboGuide 软件中对象移动仿真机制的学习,熟悉工业机器人搬运、码垛和装配的仿真原理,完成快换工具(平口手爪工具、弧口手爪工具和吸盘

拓展练习 7.2

教学课件
任务 7.3

工具)的仿真设置,以及关节部件(关节基座、电机和减速器)的仿真设置。

本任务主要包括以下内容:

1. 熟悉对象移动仿真机制,掌握工业机器人搬运、码垛和装配的仿真原理;
2. 掌握平口手爪工具、弧口手爪工具和吸盘工具等快换工具的仿真设置;
3. 掌握关节基座、电机和减速器等关节部件的仿真设置。

知识准备

7.3.1 对象移动仿真机制

工业机器人搬运、码垛、装配等应用仿真的本质都是工件对象的位置移动。在 RoboGuide 软件中工件对象可以被工具抓取、搬运和放置,但是工件对象的实际位置并不能发生改变。RoboGuide 软件采用的是模型的隐藏与再现技术实现对象的移动,在工件出现的所有位置都关联添加同一个工件对象,工件被抓取、搬运和放置的三个阶段分别设置不同的仿真动作,实现工件对象移动的仿真效果。

下面以一个示例讲解对象移动仿真机制,示例任务内容为工业机器人将工件从 1 号位置搬运至 2 号位置,如图 7-17 所示。

要实现上述搬运仿真,需在 1 号位置、2 号位置以及工具处都关联添加同一个工件对象模型,如图 7-18 所示。

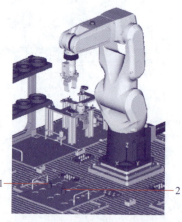

图 7-17 对象移动仿真机制示例

1-1 号位置;2-2 号位置

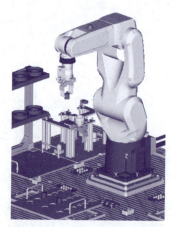

图 7-18 关联工件对象模型

编制工业机器人搬运仿真程序,工业机器人搬运仿真流程如下:开始时,只显示 1 号位置处的工件模型,工业机器人抓取工件后,1 号位置处的工件模型隐藏,显示工具上的工件模型;工具上的工件模型随工业机器人运动至工件放置处,工业机器人放置工件后,工具上的工件模型隐藏,显示 2 号位置处的工件模型,这样就实现了工件从 1 号位置搬运至 2 号位置的仿真效果。以上就是 RoboGuide 软件的对象移动仿真机制。

任务实施

7.3.2　快换装置模块仿真设置

工业机器人需要更换不同的工具实现不同工件的取放,主要用到平口手爪工具、弧口手爪工具和吸盘工具,分别用于取放关节电机、关节基座和减速器工件。所以需要在工具"快换主盘"上关联添加平口手爪工具、弧口手爪工具和吸盘工具模型,具体步骤如下。

微课
快换装置模块
仿真设置

步骤	操作说明	示意图
1	双击工具"UT:1(快换主盘)"进入其属性界面,在"工件"选项中勾选"平口手爪工具",先单击"应用"按钮,然后勾选"编辑工件偏移",位置设为[0,0,41,0,0,0],最后取消勾选"开始执行时显示"	
2	参照上述方法,依次勾选弧口手爪工具和吸盘工具,工件偏移都设为[0,0,41,0,0,0],并取消勾选"开始执行时显示"。 工具的工件参数设置完成后,当快换主盘抓取相应的快换工具,工业机器人末端就会显示相应的快换工具,实现工业机器人抓取快换工具的仿真动作	

7.3.3 关节部件仿真设置

微课
关节部件仿真
设置

在工业机器人关节装配应用仿真过程中,需要装配的关节部件包括:关节基座、关节电机和减速器。所以需要在快换装置模块的末端设置相应的工件模型,以及变位机上的装配模块、立体库模块上设置相应的工件模型。

1. 快换装置模块的工件模型仿真设置

在关节装配过程中,平口手爪工具用于取放关节电机,弧口手爪工具用于取放关节基座,吸盘工具用于取放减速器。关节装配完成后,弧口手爪工具抓取关节基座、电机和减速器,并放到立体库模块中,所以弧口手爪工具需要设置关节基座、电机和减速器的工件模型。

步骤	操作说明	示意图
1	依次选择"工具"→"UT:2(平口手爪工具)"→"Link1"并双击,进入其属性界面	
2	在"工件"选项卡中,勾选"关节电机",先单击"应用"按钮,再勾选"编辑工件偏移","工件偏移"设为[0,0,151,0,180,0],最后单击"确定"按钮,将关节电机工件设置到平口手爪工具的相应位置	
3	参照上述方法,双击打开"UT:4(吸盘工具)"的属性界面。在"工件"选项卡中,勾选"减速器",先单击"应用"按钮,再勾选"编辑工件偏移","工件偏移"设为[0,0,103,−180,0,0],最后单击"确定"按钮,将减速器工件设置到吸盘工具的相应位置	

步骤	操作说明	示意图
4	参照上述方法,双击打开"UT:3(弧口手爪工具)"的属性界面。在"工件"选项卡中,勾选"关机基座",先单击"应用"按钮,再勾选"编辑工件偏移","工件偏移"设为[0,−55,122,−90,90,0],最后单击"确定"按钮,将关节基座工件设置到弧口手爪工具的相应位置	
5	在"工件"选项卡中,勾选"关节电机",先单击"应用"按钮,再勾选"编辑工件偏移","工件偏移"设为[0,−42,120,−90,90,0],最后单击"确定"按钮,将关节电机工件设置到弧口手爪工具的相应位置	
6	在"工件"选项卡中,勾选"减速器",先单击"应用"按钮,再勾选"编辑工件偏移","工件偏移"设为[0,6,122,−90,0,0],最后单击"确定"按钮,将减速器工件设置到弧口手爪工具的相应位置	

2. 装配模块的工件模型仿真设置

本任务中关节基座、电机和减速器依次在装配模块上完成关节成品的装配,然后再将关节成品放入立体库模块。

步骤	操作说明	示意图
1	依次选择"机器"→"变位机基座"→"变位机旋转轴"并双击,进入其属性界面	(示意图)
2	在"工件"选项卡中,勾选"关节基座",先单击"应用"按钮,再勾选"编辑工件偏移","工件偏移"设为[112,75,257,0,0,90],最后单击"确定"按钮,将关节基座工件设置到变位机旋转轴的相应位置	(示意图)
3	在"工件"选项卡中,勾选"关节电机",先单击"应用"按钮。再勾选"编辑工件偏移","工件偏移"设为[112,75,270,0,0,90],最后单击"确定"按钮,将关节电机工件设置到变位机旋转轴的相应位置	(示意图)
4	在"工件"选项卡中,勾选"减速器",先单击"应用"按钮,再勾选"编辑工件偏移","工件偏移"设为[112,75,318,0,0,-90],最后单击"确定"按钮,将减速器工件设置到变位机旋转轴的相应位置	(示意图)

3. 立体库模块的工件模型仿真设置

在关节装配完成后，工业机器人需要将关节成品放入立体库模块中。本项目中工业机器人抓取装配完成后的关节基座、电机和减速器工件，然后将上述工件放入立体库模块中，实现关节成品入库的仿真。所以需要在立体库模块中分别设置上述工件模型，关节基座模型设置已在工作站搭建时完成，这里不再赘述。

步骤	操作说明	示意图
1	依次选择"夹具"→"立体库模块"并双击，进入其属性界面	
2	在"工件"选项卡中，勾选"关节电机"，先单击"应用"按钮，再勾选"编辑工件偏移"，"工件偏移"设为[0,-65,406,0,0,90]，最后单击"确定"按钮，将关节电机工件设置到立体库模块的相应位置	
3	在"工件"选项卡中，勾选"减速器"，先单击"应用"按钮，再勾选"编辑工件偏移"，"工件偏移"设为[0,-65,456,0,0,0]，最后单击"确定"按钮，将减速器工件设置到立体库模块的相应位置	

拓展练习 7.3

任务 7.4　关节装配离线编程与视频录制

任务提出

本任务通过对仿真程序、仿真指令、程序编辑器以及视频录制的学习,掌握仿真程序的编程方法以及视频录制方法,完成工业机器人关节装配仿真程序的编制,并运行仿真程序,录制仿真视频。

本任务主要包括以下内容:

1. 熟悉 RoboGuide 软件的仿真程序功能及特点;

2. 了解仿真程序编辑器,熟悉仿真指令的使用方法,掌握仿真程序编程;

3. 熟悉 RoboGuide 软件的视频录制方法;

4. 完成工业机器人关节装配仿真编程,运行仿真程序并录制视频。

🦾 知识准备

7.4.1　仿真程序概述

1. 仿真程序认知

仿真程序是由仿真程序编辑器创建的程序。与 TP 程序不同,仿真程序中包括一些 TP 程序中没有的特殊指令,即虚构的仿真指令。例如,搬运应用的仿真效果只能通过仿真程序中的特殊指令实现,普通的 TP 程序无法进行此类应用的仿真。

仿真程序可以转换成 TP 程序,而 TP 程序无法转换成仿真程序。

用虚拟示教盒打开仿真程序时,程序中有些指令行前有"!",这些指令行就是仿真程序虚构的仿真指令或注释行,如图 7-19 所示。仿真程序运行时,既可以运行上述的注释行,也可以运行正常的 TP 程序指令行。而虚拟示教盒运行时则无法识别上述仿真程序中的指令,会自动跳过,执行正常的程序指令,保证程序的顺序执行。

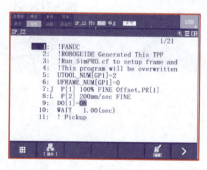

图 7-19　仿真程序指令

仿真程序的运行方法有 3 种：程序编辑器内运行、虚拟示教盒内运行和软件仿真运行。程序编辑器内运行只能单步运行，且无法仿真动画效果，只能演示工业机器人的运动轨迹；虚拟示教盒内可以连续运行，但无法运行仿真指令，且没有仿真动画效果，只能演示工业机器人的运动轨迹；软件仿真运行可以运行仿真程序或TP 程序，也可以演示仿真动画效果。

2. 仿真程序编辑器

仿真程序编辑器主要由菜单栏、编辑栏和程序指令界面组成，如图 7-20 所示。菜单栏主要用于添加程序指令和单步运行程序，编辑栏主要用于对程序指令进行编辑，程序指令界面显示当前程序的指令。特别注意：仿真程序必须指定相应的工具和工件坐标系。

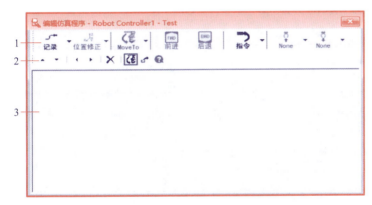

图 7-20 仿真程序编辑器
1- 菜单栏；2- 编辑栏；3- 程序指令

菜单栏的功能说明如表 7-3 所示。

表 7-3 菜单栏功能说明

序号	功能	说明
1	记录	添加关节或直线运动指令
2	位置修正	对所选中程序指令中的目标点位置进行重新示教，示教位置为工业机器人当前位置
3	MoveTo	将工业机器人移动到所选择程序指令中的目标点位置
4	前进	单步运行下一条程序指令
5	后退	单步运行上一条程序指令
6	指令	添加仿真指令、等待指令、I/O 信号指令、判断指令等常用的工业机器人指令

3. 仿真指令

仿真指令是 RoboGuide 软件针对搬运、焊接、喷涂等应用的仿真功能虚构出来的控制指令，是软件运行的指令而非工业机器人控制系统的指令。使用 TP 程序编写上述应用的仿真程序时，无法实现上述应用的仿真效果，而使用仿真程序及仿真指令编写上述应用的仿真程序时，则可以满足相应的仿真效果要求。

工件抓取仿真指令如图 7-21 所示，该指令主要有三个参数：Pickup、From 和 With，Pickup 代表选择所需抓取的工件，From 代表选择工件所在的夹具模型，With 代表选择工件抓取所用的工具。

工件放置仿真指令如图 7-22 所示，该指令主要有三个参数：Drop、From 和 On，Drop 代表选择所需放置的工件，From 代表选择放置工件的夹具模型，On 代表选择工件抓取所用的工具。

图 7-21　工件抓取仿真指令

图 7-22　工件放置仿真指令

7.4.2　视频录制

RoboGuide 软件支持仿真视频录制功能，视频录制功能位于软件的"执行面板"，如图 7-23 所示。

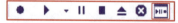

图 7-23　执行面板

执行面板主要由功能按键、仿真率、显示、控制和信息收集五部分组成，如图 7-24 所示。

执行面板各部分的功能说明如表 7-4 所示。

微课
视频录制

表 7-4　执行面板各部分的功能说明

序号	功能	说明
1	功能按键	具有录像、执行、暂停、停止、重置等功能按键
2	仿真率	可以设置高速仿真以及仿真的刷新率（帧／秒）
3	显示	可以设置仿真的显示效果，如干涉检测、显示示教路径等
4	控制	可以设置报警中断程序、连续执行程序、干涉时停止报警
5	信息收集	可以收集分析器的数据、负荷信息，设置 TCP 跟踪

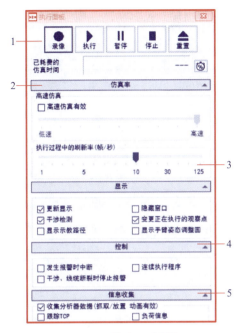

图 7-24　执行面板界面

1- 功能按键；2- 仿真率；3- 显示；4- 控制；5- 信息收集

7.4.3　关节装配流程与程序设计

工业机器人关节装配流程如图 7-25 所示。

图 7-25　工业机器人关节装配流程

微课
关节装配流程
与程序设计

工业机器人关节装配程序设计及其功能说明如表 7-5 所示。

表 7-5　工业机器人关节装配程序设计及其功能说明

序号	程序	类型	功能说明
1	MAIN	TP 程序	工业机器人关节装配主程序
2	QU_PingKouTool	仿真程序	取平口手爪工具仿真程序
3	QU_HuKouTool	仿真程序	取弧口手爪工具仿真程序
4	QU_XiPanTool	仿真程序	取吸盘工具仿真程序
5	FANG_PingKouTool	仿真程序	放平口手爪工具仿真程序
6	FANG_HuKouTool	仿真程序	放弧口手爪工具仿真程序
7	FANG_XiPanTool	仿真程序	放吸盘工具仿真程序
8	RESET	TP 程序	复位程序
9	ZP_Base	仿真程序	关节基座装配仿真程序
10	ZP_DJ	仿真程序	关节电机装配仿真程序
11	ZP_JSQ	仿真程序	减速器装配仿真程序
12	ChengPin_RuKu	仿真程序	关节成品入库仿真程序

任务实施

微课
关节装配离线
编程

7.4.4　关节装配离线编程

1. 编制快换工具取放仿离线程序

编制快换工具取放仿真程序的步骤如下。

步骤	操作说明	示意图
1	选中"程序"并右击,在弹出的菜单中选择"创建仿真程序"	
2	将仿真程序命名为"QU_HuKouTool"	

步骤	操作说明	示意图
3	手动操作工业机器人,移动到弧口手爪工具取放位置。 快捷技巧:双击打开夹具下的"快换装置",在"工件"选项卡中选中"弧口手爪工具",单击"MoveTo"按钮,工业机器人将直接移动到弧口手爪工具取放位置	
4	返回到仿真程序界面中,单击"记录"菜单命令,添加关节运动指令,位置形式为"各轴",J1~J6轴为[0,0,0,0,−90,0],作为工业机器人的原点	
5	再次单击"记录"菜单命令,添加关节运动指令,位置为[0,−220,240,180,0,−90],工业机器人运动到抓取工具过渡位置	
6	再次单击"记录"菜单命令,添加关节运动指令,位置为工业机器人当前位置,"OFFSET"选择PR[1](PR[1]的值为[0,0,100,0,0,0],即工业机器人运动到工具抓取位置上方点	
7	单击"记录"菜单命令,添加直线运动指令,位置为工业机器人当前位置,工业机器人运动到工具抓取位置点	

步骤	操作说明	示意图
8	添加仿真指令"Pickip",工业机器人拾取快换装置模块上的弧口手爪工具模型,所用工具为快换主盘	
9	添加等待指令,等待0.5s	
10	单击"记录"菜单命令,添加工业机器人运动指令,先回到工具抓取位置上方点,再返回到工具抓取过渡位置点,最后返回到原点	
11	参照上述方法,依次完成放弧口手爪工具、取放平口手爪工具和取放吸盘工具的仿真程序	

2. 编制关节装配仿真程序

编制关节装配仿真程序时要注意不同关节部件装配时所使用的工具是不同的。装配关节基座用的是工具"UT:3(弧口手爪工具)",装配关节电机用的是工具"UT:2(平口手爪工具)",装配减速器用的是工具"UT:4(吸盘工具)",具体步骤如下。

步骤	操作说明	示意图
1	新建仿真程序"ZP_Base",选中程序并右击,在弹出的菜单中选择"属性",进入其属性界面,将工具设为"UT:3(弧口手爪工具)",工件坐标系采用默认值	

步骤	操作说明	示意图
2	添加移动指令,工业机器人先运动到原点,再运动到关节基座工件抓取上方点,最后运动到工件抓取点	
3	添加抓取关节基座的仿真指令。注意:抓取关节基座使用的是工具"UT:3(弧口手爪工具)"	
4	添加等待指令,等到0.5s	
5	添加运动指令,工业机器人先返回到工件抓取位置上方点,然后运动到原点,再运动到工件装配位置上方点,最后运动到工件装配位置点	
6	添加放置关节基座的仿真指令,将关节基座放置到变位机旋转轴上	
7	添加I/O信号指令,装配模块气缸伸出,夹紧关节基座,并等待1s	

步骤	操作说明	示意图
8	添加运动指令,工业机器人先返回工件装配位置上方点,再返回原点位置	
9	参照上述方法,并结合工业机器人关节装配流程,完成关节电机装配程序	
10	参照上述方法,并结合工业机器人关节装配流程,完成减速器装配程序	
11	参照上述方法,并结合工业机器人关节装配流程,完成关节成品入库程序	

3. 编制关节装配仿真主程序

关节装配仿真主程序采用 TP 程序，在虚拟示教盒中新建 MAIN 程序。基于工业机器人关节装配流程，依次调用相关子程序，完成关节装配主程序。关节装配主程序及其说明如表 7-6 所示。

表 7-6　关节装配主程序及其说明

行号	示例程序	程序说明
1	CALL RESET	调用复位程序
2	CALL QU_HUKOUTOOL	调用取弧口手爪工具程序
3	CALL ZP_BASE	调用关节基座装配程序
4	CALL FANG_HUKOUTOOL	调用放弧口手爪工具程序
5	CALL QU_PINGKOUTOOL	调用取平口手爪工具程序
6	CALL ZP_DJ	调用关节电机装配程序
7	CALL FANG_PINGKOUTOOL	调用放平口手爪工具程序
8	CALL QU_XIPANTOOL	调用取吸盘工具程序
9	CALL ZP_JSQ	调用减速器装配程序
10	CALL FANG_XIPANTOOL	调用放吸盘工具程序
11	CALL QU_HUKOUTOOL	调用取弧口手爪工具程序
12	CALL CHENGPIN_RUKU	调用关节成品入库程序
13	CALL FANG_HUKOUTOOL	调用放弧口手爪工具程序
14	CALL RESET	调用复位程序

7.4.5　仿真运行与视频录制

1. 仿真运行

步骤	操作说明	示意图
1	在执行面板选择"执行设置"	

微课
仿真运行与视频录制

步骤	操作说明	示意图
2	在"执行设置"界面选择"ROBOGUIDE:用户自定义","执行"程序选择"MAIN"	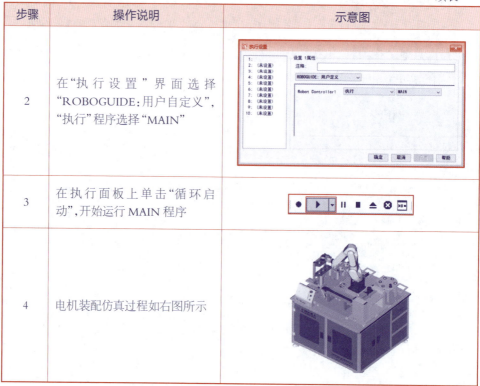
3	在执行面板上单击"循环启动",开始运行 MAIN 程序	
4	电机装配仿真过程如右图所示	

2. 视频录制

步骤	操作说明	示意图
1	打开执行面板。根据需要设置相应的参数,然后单击"录像"按钮	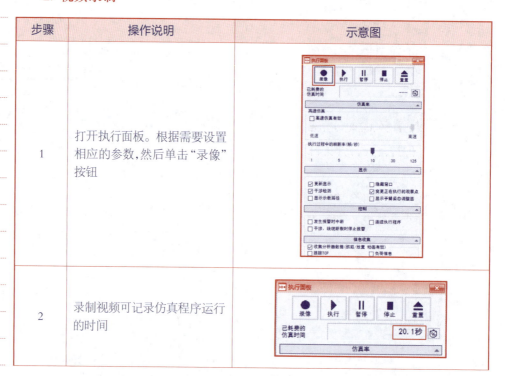
2	录制视频可记录仿真程序运行的时间	

续表

步骤	操作说明	示意图
3	录制的视频文件默认保存到当前工作站文件的目录路径中	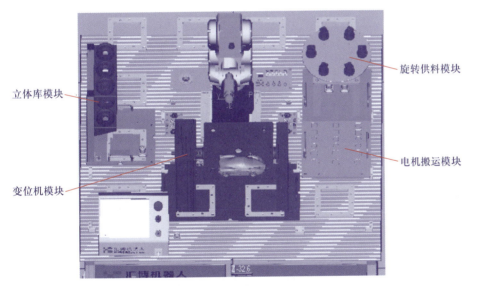

拓展练习 7.4

项 目 拓 展

现有一台工业机器人喷涂工作站,主要由实训平台、工业机器人、立体库模块、变位机模块、电机搬运模块和旋转供料模块等组成,如图 7-26 所示。

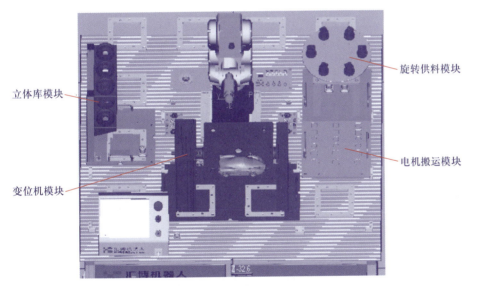

图 7-26　工业机器人喷涂工作站

1. 工业机器人喷涂工作站搭建

打开工业机器人仿真软件,依次导入实训平台、工业机器人、立体库模块、变位机模块、电机搬运模块和旋转供料模块,根据图 7-26 所示布局图,完成工业机器人喷涂工作站的搭建。

2. 工业机器人喷涂工作站离线编程

设置工业机器人喷涂工具,完成变位机模块、旋转供料模块的运动设置,要求变位机背向工业机器人一侧旋转 20° 进行汽车模型内测喷涂;变位机水平状态时进行汽车模型顶部喷涂;变位机面向工业机器人一侧旋转 20° 进行汽车模型外测喷涂,编制喷涂离线程序,实现工业机器人喷涂应用的仿真。

参考文献

［1］杨杰忠,王振华,朱利平.工业机器人技术基础[M].北京:电子工业出版社,2017.

［2］杨杰忠,王振华.工业机器人操作与编程[M].北京:机械工业出版社,2017.

［3］蒋庆斌,陈小艳.工业机器人现场编程[M].北京:机械工业出版社,2014.

［4］陈小艳,郭炳宇,林燕文.工业机器人现场编程(ABB)[M].北京:高等教育出版社,2018.

［5］汪励,陈小艳.工业机器人工作站系统集成[M].北京:机械工业出版社,2014.

［6］智造云科技,左立浩,徐忠想,康亚鹏.工业机器人应用技术入门[M].北京:机械工业出版社,2018.

［7］李志谦.精通FANUC机器人编程 维护与外围集成[M].北京:机械工业出版社,2020.